L'agroécologie en Argentine et en France

Sociologies et environnement

Collection dirigée par Salvador JUAN

Le « progrès » est aussi progrès d'une menace de plus en plus exportée vers les pays les plus dépendants. Trop peu de travaux sociologiques émergent pour rendre intelligibles les tendances profondes d'une société à la fois plus inhumaine, plus dangereuse pour les équilibres du milieu et plus riche. La collection *Sociologies et environnement* est née de ce constat. Certes, selon le mot du poète Hölderlin, *avec la menace croît ce qui sauve*, mais seule une conscience informée des risques et de ce qui provoque la dégradation tant de la qualité que des conditions de vie est susceptible de se concrétiser en réformes humainement supportables et socialement admissibles...
Dans une perspective socio-anthropologique et critique tant des ques-tions d'environnement global que d'écologie urbaine, en articulant les interprétations théoriques et les résultats empiriques, la collection *Sociologies et environnement* entend participer à l'émergence de cette conscience sociale. Elle présente aussi les alternatives portées par les mouvements sociaux et les pratiques de résistance contestant le produc-tivisme ou la domination des appareils technocratiques.

Ouvrages parus

Abdelhamid ABIDI et Jacques FIALAIRE (dir.), *Quelle gouvernance au service de la mobilité durable ?* 2011

Michelle DOBRÉ et Salvador JUAN (dir.), *Consommer autrement*, 2009.

Igor BABOU, *Disposer de la nature : enjeux environnementaux en Patagonie argentine*, 2009.

Sylvia BECERRA et Anne PELTIER, *Risques naturels et environnement. Recherches interdisciplinaires sur la vulnérabilité des sociétés*, 2009.

Corinne BERGER et Jean-Luc ROQUES, *La terre comme objet de convoitise*, 2007.

Salavador JUAN (dir.), *Actions et enjeux spatiaux en matière d'environnement*, 2007.

Sous la direction de
Frédéric GOULET, Danièle MAGDA,
Nathalie GIRARD et Valeria HERNANDEZ

L'agroécologie en Argentine et en France

Regards croisés

L'Harmattan

5-7, rue de l'École-Polytechnique ; 75005 Paris

http://www.librairieharmattan.com
diffusion.harmattan@wanadoo.fr
harmattan1@wanadoo.fr

ISBN : 978-2-336-00521-8
EAN : 9782336005218

Cet ouvrage est le résultat d'un travail initié lors d'un séminaire de rencontre entre chercheurs et professionnels du développement agricole, intitulé « Actividad agropecuaria y desarrollo sustentable : que nuevos paradigmas para una agricultura agroecológica? », qui s'est tenu à Buenos Aires (Argentine) les 31 mars et 1er avril 2011.

Les coordinateurs de l'ouvrage remercient à cette occasion pour leur appui l'INTA (Instituto Nacional de Tecnología Agropecuaria – Argentine) et le laboratoire international Agriterris.

Ce travail a bénéficié d'une aide de l'Agence Nationale de la Recherche dans le cadre du programme Systerra, portant la référence ANR-09-STRA-04.

Sommaire

Liste des auteurs

ALBALADEJO, Christophe. INRA, UMR AGIR, et Universidad Nacional de Agronomía de la Plata, Facultad de Ciencias Agrarias y Forestales. albaladejo@toulouse.inra.fr

ALTIERI, Miguel A. Professor of Agroecology, University of California-Berkeley. President, Sociedad Cientifica LatinoAmericana de Agroecologia (SOCLA). agroeco3@berkeley.edu

BELLON, Stéphane. INRA, Unité Ecodéveloppement.
Stephane.bellon@avignon.inra.fr

CITTADINI, Roberto. INTA, Coordinador Nacional ProHuerta.
rcittadini@correo.inta.gov.ar

FLORES, Claudia C. Universidad Nacional de Agronomía de la Plata, Facultad de Ciencias Agrarias y Forestales. cflores@agro.unlp.edu.ar

GOULET, Frédéric. CIRAD, UMR Innovation.
frederic.goulet@cirad.fr

GIRARD, Nathalie. INRA, UMR AGIR.
Nathalie.girard@toulouse.inra.fr

HERNANDEZ, Valeria. IRD, UMR Développement et Sociétés.
hernandez.vale@yahoo.com

HUBERT, Bernard. INRA, Unité Ecodéveloppement, Président Agropolis International
Bernard.hubert@avignon.inra.fr

MAGDA, Danièle. INRA, UMR AGIR.
Daniele.Magda@toulouse.inra.fr

MARASAS, Mariana. INTA, IPAF Región Pampeana.
mmarasas@correo.inta.gov.ar

MEYNARD, Jean-Marc. INRA, Département SAD.
meynard@grignon.inra.fr

OLIVIER, Guillaume. INRA, Ecodéveloppement et AMANDES.TXT
gollivier@avignon.inra.fr

SOUZA CASADINHO, Javier. UBA, Facultad de Agronomía, Cátedra de extensión y sociología rurales.
csouza@agro.uba.ar

SARANDON, Santiago. Universidad Nacional de Agronomía de la Plata, Facultad de Ciencias Agrarias y Forestales.
sarandon@agro.unlp.edu.ar

TITO, Gustavo. INTA, IPAF Región Pampeana.
gtito@correo.inta.gov.ar

Préface

Miguel A. Altieri

La population mondiale devrait atteindre les 9 milliards d'individus en 2050, ce qui signifie qu'un milliard de tonnes de céréales et 200 millions de tonnes de viande supplémentaires seront nécessaires chaque année pour satisfaire la demande alimentaire mondiale. Cette pression démographique, couplée aux changements climatiques, à l'explosion du coût de l'énergie, aux crises financières et à la compétition croissante pour l'accès aux terres et à l'eau, est à même de provoquer un accroissement des risques d'insécurité alimentaire. L'augmentation des rendements agricoles est certes une condition nécessaire pour relever ce défi alimentaire, mais elle n'est pas la seule. La faim, qui affecte d'ores et déjà 1 milliard d'êtres humains, est en effet principalement liée à la pauvreté (impossibilité d'accéder à une nourriture de plus en plus coûteuse), aux inégalités (problèmes d'accès aux terres, aux semences, etc.), et non pas à une rareté qui découlerait d'une production mondiale insuffisante. Aujourd'hui, la sécurisation de l'accès des populations pauvres à l'alimentation, en qualité et en quantité, au travers de l'accès à la terre, de l'amélioration des revenus ou des structures d'aide, constitue clairement un élément majeur pour résoudre le problème de la faim dans le monde.

Ceci étant, la production agricole du futur devra incontestablement augmenter de façon considérable, essentiellement sur des terres d'ores et déjà cultivées, puisque l'extension sur des surfaces cultivées nouvelles n'apparaît pas aujourd'hui comme une solution envisageable. Il en va de même de l'augmentation des rendements par l'intensification du recours aux variétés améliorées ou issues de la modification génétique, à la fertilisation chimique, à l'irrigation ou aux pesticides. L'accès à une eau d'irrigation et à une énergie abondantes et bon marché est en effet aujourd'hui révolu, et le climat devient chaque jour de plus en plus instable.

Les produits agrochimiques, la mécanisation et l'irrigation intensives qui constituent le coeur de l'agriculture industrielle, proviennent de l'exploitation de ressources fossiles en voie d'épuisement et toujours plus onéreuses. Les évènements climatiques extrêmes deviennent de plus en plus fréquents et violents, et menacent les monocultures industrielles, génétiquement homogènes, qui couvrent aujourd'hui 80 % des 1500 millions d'hectares des terres arables de la planète. De plus, l'agriculture industrielle contribue à hauteur de 25 à 30 % du total des émissions planétaires de gaz à effet de serre, aggravant le changement climatique et compromettant plus encore la capacité future du monde à se nourrir.

Il ne fait donc aucun doute que l'humanité a aujourd'hui besoin d'un paradigme de développement agricole alternatif, encourageant des formes d'agriculture plus durables, plus écologiques, plus résilientes, favorisant la biodiversité et socialement justes. Paradoxalement, de tels systèmes existent d'ores et déjà, au travers de la myriade de systèmes agricoles traditionnels qui continuent à exister à travers le monde en dépit des pressions qu'exerce sur eux l'agriculture "moderne". Au fil des millénaires, des modèles agricoles respectueux des équilibres écologiques ont été développés par au moins 75 % des 1,5 milliards d'agriculteurs familiaux, de foyers ruraux et de populations indigènes qui, sur 350 millions de petites exploitations agricoles, assurent plus de 50 % de la production agricole mondiale dédiée à l'alimentation. La majeure partie de l'alimentation consommée aujourd'hui dans le monde est ainsi dérivée des 5000 espèces végétales domestiquées et des 1,9 millions de variétés sélectionnées et cultivées par des agriculteurs n'utilisant pas d'intrants chimiques.

La prise en compte de la contribution des agricultures paysannes et indigènes à la sécurité alimentaire dans les scenarii de changement climatique, de crises économiques et énergétiques, ont conduit à une montée en puissance au cours des vingt dernières années de la prise en compte au niveau international des notions de souveraineté alimentaire et de systèmes de production agro-écologiques. N'en déplaisent aux positions défendues par certains scientifiques et / ou activistes de l'agriculture industrielle, les derniers principaux rapports internationaux sur la question ont conclu en faveur de la nécessité urgente d'adopter des systèmes agricoles plus efficients pour nourrir les 9 milliards d'humains en 2050, et recommandent plus particulièrement un virage en faveur de l'agroécologie. Celle-ci est en effet pointée comme une solution qui permettrait d'accroître la production alimentaire et d'améliorer la situation des plus pauvres. Ces rapports, basés sur de larges consultations associant le monde scientifique, la société civile et l'industrie, soutiennent que la petite agriculture est à même de doubler en dix ans la production agricole mondiale dans certaines régions critiques en s'appuyant sur les méthodes de production agroécologique.

Face à la situation actuelle, et en regard des projections climatiques pour le futur proche, l'agroécologie est donc apparue comme l'une des options les plus robustes pour assurer un développement durable et équitable. Ces systèmes agroécologiques puisent leur source dans les fondements écologiques de la petite agriculture traditionnelle. Ils incarnent aujourd'hui la pertinence et l'efficacité de systèmes agricoles caractérisés par une remarquable diversité d'espèces cultivées et d'animaux d'élevage associés, entretenue et améliorée par des pratiques indigènes de gestion des sols, de l'eau et de la biodiversité, nourrie par des systèmes complexes de connaissances traditionnelles. Nombre de ces systèmes, caractérisés par des formes d'activité agricole résilientes, efficientes d'un point de vue énergétique, socialement justes et respectueuses de la biodiversité, incarnent ainsi les bases d'une stratégie agricole qui, en ayant jusqu'à présent nourri la majeure partie de la population mondiale, permettront de relever les nouveaux défis alimentaires mondiaux.

Néanmoins, pour réaliser un tel objectif, les programmes d'éducation agricoles devront tenir compte du besoin croissant de concevoir une nouvelle agriculture qui améliore l'environnement, protège les pratiques culturales locales ainsi que leur biodiversité associée, et favorise la souveraineté alimentaire et les fonctions multiples de l'agriculture des petites exploitations. Les nouveaux diplômes universitaires en agroécologie devront être conçus sur des disciplines écologiques, scientifiques et humaines, permettant aux étudiants d'acquérir une large compréhension sur les dimensions écologiques, techniques, sociales, économiques et politiques de l'agroécologie. Ces programmes devront fournir aux étudiants les bases théoriques et méthodologiques pour l'analyse et la restructuration des agrosystèmes.

La compréhension élargie du contexte agricole que propose cet ouvrage nécessite l'étude des liens entre l'agriculture, l'environnement et les systèmes sociaux, le développement agricole étant la résultante des interactions complexes entre une multitude de facteurs. Une compréhension plus approfondie de l'écologie des systèmes agricoles ouvrira de nouvelles perspectives plus adaptées aux objectifs d'une agriculture durable, résiliente, souveraine et respectueuse de la biodiversité.

Introduction

Les réflexions présentées dans cet ouvrage puisent leur origine dans un séminaire de recherche qui s'est tenu à Buenos Aires, en Argentine, les 31 mars et 1er avril 2011, dans le cadre d'un projet de recherche financé par l'Agence Nationale de la Recherche française (ANR) et par l'Agence Inter-instituts de Recherche pour le Développement (AIRD)[1]. Ce projet interdisciplinaire, à la croisée des sciences humaines et biotechniques, intitulé INTERRA[2], associe des équipes de recherche françaises, argentines et brésiliennes, sur la question du développement agricole et des compétences des acteurs du développement dans un contexte de fortes transformations des modes de production et des territoires ruraux.

Ces évolutions sont marquées par un processus de diversification des modèles de production et de développement agricoles, accentué ces dernières décennies par la pression des enjeux environnementaux, sociétaux et des risques climatiques. La diversification des modèles de production et de développement en agriculture est commune aux trois situations géographiques mises en regard au sein du projet, mais avec des configurations institutionnelles et territoriales différentes. La coprésence des divers modèles de développement agricole est plus immédiatement visible dans le cas des terrains argentins et brésiliens, En France, ils peuvent au contraire être perçus en première analyse comme de simples variantes ou options au sein d'un même modèle générique, comme les produits différenciés d'un même grand système de connaissance, et non comme des modèles ou des systèmes de

[1] Projet ANR-09-STRA-04.

[2] Insertion territoriale de l'activité agricole et maîtrise locale des ressources. Places des agricultures familiales dans les métiers du développement en Argentine et au Brésil.

connaissance qui s'opposent ou s'affrontent. En Argentine, on observe la juxtaposition, parfois anodine, parfois problématique voire brutale, aux côtés de l'agriculture dite « familiale », d'un modèle qui s'autoqualifie « d'agribusiness » (basé sur les biotechnologies, le management moderne et les nouvelles technologies de l'information et de la communication). Cependant, en Argentine comme en France, il n'est pas toujours aisé de discerner clairement les frontières et les caractéristiques essentielles de ces modèles de production et de génération des connaissances.

Le lien aux ressources naturelles constitue justement l'une des dimensions majeures dans la différenciation et la caractérisation des différents modèles de production. Un mouvement de fond initié par la question du développement durable s'est développé dans différentes régions du monde pour interroger les modèles agricoles sur leurs capacités à préserver et à gérer à long terme les ressources naturelles. Dans ce cadre, « l'agroécologie » s'est imposée comme l'un des espaces conceptuels permettant de penser le développement de la durabilité des modes de production dans des contextes géographiques et agricoles très différents.

Beaucoup de travaux sur l'agroécologie se sont alors attaché à définir ses principes théoriques et ses pratiques pour construire un référentiel commun (Altieri, 2002, 2003 ; Gliessman, 1990). Peu d'analyses ont porté sur les conditions de son émergence et de son développement dans les différents pays, et donc de sa définition en fonction des contextes agricoles, sociaux et historico-institutionnels. Pourtant, cette entrée permettrait d'éclairer la question toujours en débat des différentes acceptions de l'agroécologie, de la nature des paradigmes qui la fondent et les modalités d'accompagnement des modes de production qui en découlent. Elle permettrait d'être en cohérence avec ce qui a justement permis à l'agroécologie d'émerger : accepter et savoir différencier la diversité des modèles de production, et dans ce cas des modèles de production qui prétendent relever de l'agroécologie.

L'objectif de cet ouvrage est ainsi de proposer une analyse croisée des développements de l'agroécologie en Argentine et en France présentant deux contextes d'émergence très différents.

L'Argentine est un grand pays émergent d'Amérique du Sud, qui tire depuis le XVIIIe siècle sa croissance économique de l'agriculture, et qui a connu dans les années 1990 un nouvel essor considérable des grandes cultures destinées à l'exportation sur les marchés mondiaux (soja en particulier). Ce développement fulgurant, permis notamment par les techniques de semis direct et au paquet technique basé sur les herbicides à base de glyphosate et des variétés génétiquement modifiées résistantes à cet herbicide (Goulet, Hernandez, 2011), ne manque pas de susciter certaines controverses - dans la communauté scientifique, dans la classe politique et dans le monde agricole et rural - sur les équilibres au sein des territoires ruraux, Face au développement de la monoculture de soja, basée sur des formes de production hautement capitalisées et financiarisées, des mouvements sociaux, professionnels et scientifiques s'organisent en effet pour proposer, voire opposer, d'autres voies de développement agricole, au premier desquels se trouve précisément l'agroécologie.

En France, la modernisation de l'agriculture à partir des années 1950 et 1960 a provoqué des bouleversements non seulement productifs, mais aussi sociaux et culturels majeurs au sein des mondes ruraux. Cette révolution agricole a été stimulée par la puissance publique, en coopération avec une nouvelle classe de leaders agricoles, qui ont progressivement institué un processus de professionnalisation de l'activité (Rémy, 1987), et a contribué à faire de la France un grand pays agricole sur la scène internationale. La surproduction, et surtout les crises sanitaires et environnementales, ont conduit à partir des années 1980 à une mise en question de ce modèle de développement industriel de l'agriculture, souvent qualifié de productiviste ou intensif, Ainsi est apparu un champ de possibilités pour que d'autres façons de produire, de penser les relations entre producteurs et consommateurs, et d'occuper les territoires ruraux, soient reconnues par les acteurs agricoles, les pouvoirs publics et le monde scientifique. C'est également dans cet esprit que la notion d'agroécologie a émergé en rencontrant notamment des individus ou des collectifs au sein des institutions de recherche agronomique (voir Bellon et Olivier, dans cet ouvrage).

Les cas argentins et français sont contrastés, dans leurs contextes économiques, sociaux et productifs. Mais dans les deux situations, comme ailleurs dans le monde, la question des modèles de production agricole à privilégier – ou au contraire à écarterpour assurer un développement durable des régions et des populations concernées, se pose de façon particulièrement ardente. Du côté argentin, elle se pose en lien avec des conflits pour l'accès à la terre, avec des enjeux territoriaux forts, mais également avec la sécurité alimentaire des ménages, la santé des populations rurales. En France, ces questions se posent également, mais ce sont surtout les débats autour des impacts environnementaux et énergétiques de l'agriculture intensive, de la qualité des aliments ou de la nature des circuits de distribution, à des échelles là aussi territoriales, qui viennent aujourd'hui alimenter les réflexions liées à l'essor de l'agroécologie. Mais dans les deux cas, que ce soit en Argentine comme en France, les problèmes se posent de façon extrêmement complexe. Ils appellent en effet des transformations radicales des modes de développement, concernent une grande diversité d'acteurs (producteurs, industriels, pouvoirs publics, consommateurs, etc.), dont les attentes et les enjeux sont souvent difficiles à concilier à court ou moyen terme.

Les contributions rassemblées dans cet ouvrage sur l'agroécologie en France et en Argentine permettent d'analyser les différentes dimensions (techniques, politiques, institutionnelles,..) participant à l'émergence et au développement de nouveaux modes de production, et de décliner le rôle du contexte dans une définition plurielle de l'agroécologie. Les auteurs de ces contributions, de par leurs trajectoires et leurs activités diverses, permettent de rendre compte de cette complexité et de cette pluralité des dimensions du développement de l'agroécologie. Nombre d'entre eux sont en effet des scientifiques, inscrits aussi bien dans les sciences biotechniques (agronomie, écologie, zootechnie) que dans les sciences humaines et sociales (sociologie, anthropologie, géographie), venant d'instituts de recherche ou d'universités, mobilisés dans la formation d'ingénieurs agronomes ou de praticiens des sciences humaines. Certains sont des acteurs engagés, aux côtés de non-chercheurs dans le développement de l'agroécologie, alors que d'autres se placent dans une posture d'analyse distanciée. Mais aux côtés de ces scientifiques, cet ouvrage mobilise également des opérateurs de terrains, des acteurs du développement agricole impliqués concrètement dans la mise en pratique de l'agroécologie, dont le regard permet d'explorer des dimensions pragmatiques des déplacements qu'occasionnent la revendication ou la mise en action d'une agriculture agroécologique. Tel était l'objectif du séminaire fondateur de cet ouvrage en 2011, qui visait à susciter et organiser le dialogue et la rencontre entre ces différents acteurs, afin d'alimenter une réflexion croisée et enrichie des points de vue de chacun.

Parmi les grands thèmes de réflexion qu'aborde cet ouvrage se pose de façon centrale celui de la production et de la circulation des connaissances autour des agricultures empruntant aux principes de l'agroécologie. Les questions associées à cet axe de réflexion se déclinent dans les différentes contributions selon différents plans, qui convoquent à chaque fois les différents acteurs des questions agricoles. Tout d'abord, c'est la problématique du partage des tâches dans la production et la mise en circulation des savoirs, qui est questionnée, avec le postulat souvent convoqué en agroécologie d'une résurgence de la dimension locale des pratiques et des savoirs. Plus particulièrement, plusieurs chapitres montrent que ce sont très souvent les relations entre producteurs, techniciens ou chercheurs qui sont mises en débat, invitant à repenser ou à requalifier les formes instituées de rencontres ou de cloisonnements professionnels. En Argentine, ainsi que dans de nombreux pays où l'agriculture familiale et vivrière reste le pilier de la mise en valeur des espaces ruraux, les auteurs soulignent que les savoirs des petits producteurs doivent être revalorisés pour être mobilisés et potentialisés. En France, la mise en valeur des rationalités paysannes est également souvent amenée comme un élément important du développement de l'agroécologie (voir chapitre de Hubert), et pas seulement sous l'angle de la préservation de savoirs perdus ou en train de disparaître. Elle passe notamment par la nécessité de modifier des pratiques existantes : celles de la grande majorité de la population agricole française, en production animale comme végétale, qui pendant longtemps a constitué le fleuron de la modernisation et de l'intensification, mais qui cristallise aujourd'hui la critique portée au modèle productiviste.

Mais cette question des formes de savoirs à privilégier, ou du moins de formes de production des savoirs à encourager pour favoriser l'agroécologie, n'est pas posée seulement en direction des producteurs. Elle interpelle en effet les scientifiques eux-mêmes, avec leurs protocoles de production des connaissances, leurs relations aux acteurs non-scientifiques, et leurs modes d'évaluation. En effet, c'est le mode de la production scientifique confinée en laboratoire qui est interrogé (voir les chapitres de Hubert, de Sarandon et Flores), et l'objectif de généricité des savoirs qui est mis en débat à l'épreuve de l'appel à une approche locale des savoirs que formule la proposition agroécologique. C'est également la question de l'évaluation des scientifiques en fonction du principal (pour ne pas dire unique) critère de publication qui est posée par les contributeurs de l'ouvrage, à l'heure où c'est justement le travail en partenariat, souvent de long terme, qui est posé en prémices de l'agroécologie. Une formule particulièrement récurrente autour de l'agroécologie est alors invoquée par les auteurs, pour résumer cet appel à une transformation des modes de production scientifique : celle de changement de paradigme, appelant à une mutation radicale des pratiques et des représentations des chercheurs, ainsi que de leur capacité à se lier aux acteurs hors du laboratoire. Ainsi ces travaux montrent que l'agriculture, comme cela fut le cas ou l'est encore dans d'autres secteurs ou domaines d'activité, se trouve confrontée à des tournants majeurs qui traversent nos sociétés dans leur ensemble, tiraillées entre résurgence des territoires, des singularités et du local, et les mécanismes de standardisation ou de globalisation. Enfin, autour encore de cette question des connaissances, ce sont, entre les producteurs et les scientifiques, les acteurs du développement et de la formation qui sont interpellés dans les lignes de cet ouvrage. En effet plusieurs contributions abordent, de façon centrale ou périphérique, la question de la formation des agriculteurs, des agents de développement agricole, et notamment la nécessité de former les agronomes à une diversité de paradigmes plus qu'à les formater en direction d'un hypothétique nouveau paradigme dominant (voir les contributions de Sarandon et Flores, et de Albaladejo).

Cette question de la transformation des systèmes de production de connaissances, ou du moins d'une pluralité de ces systèmes et des paradigmes qui les sous-tendent, conduit plusieurs des contributeurs de cet ouvrage à ouvrir la question de la pluralité des types d'exploitations agricoles au sein des territoires, et partant celle de la nature des exploitations qui seraient les plus concernées, ou adaptées, au développement de l'agroécologie. En effet, quels types d'exploitations agricoles, quels agriculteurs seraient concernés au premier plan par l'agroécologie, seraient pionniers dans son développement, ou au contraire en seraient exclus ? Les contextes agricoles argentins et français diffèrent radicalement nous l'avons évoqué, en particulier depuis le mouvement récent d'extension du soja en Argentine. Pourtant le regard croisé qu'offrent les différentes contributions permet de saisir des régularités qui se dégagent en ce qui concerne la définition de l'agroécologie par ses promoteurs, et les types d'agriculture auxquelles elle s'adresse ; mais des débats et des controverses empiriques ne manquent pas d'interroger les définitions même de l'agroécologie et les séparations qu'elle opère. Ainsi, de façon relativement récurrente l'agroécologie met en avant l'intérêt de soutenir l'agriculture familiale, par opposition à l'agriculture latifundiaire ou industrialisée. Mais surtout les textes abordant cette question montrent que si l'agroécologie se construit autour de certains archétypes, elle se construit également en opposition à certaines formes instituées, ou parfois réifiées, de production et d'organisation du secteur agricole. Dès lors certaines contributions envisagent les formes de perméabilité, ou au contraire de séparation, qui se jouent au sein des territoires ou des institutions entre différents modèles productifs (agriculture familiale, patronale, capitalisée), autour de l'agroécologie et plus spécifiquement des relations entre production et questions environnementales et sociales. Ainsi, comme le souligne la contribution de Goulet et Meynard, ces formes d'agriculture intensives, ainsi que les acteurs qui leur sont liés (producteurs, agrofourniture, mais aussi scientifiques) ne manquent pas de revendiquer le caractère écologique de certaines méthodes de production, et leur utilité pour l'ensemble de la société.

Autour de l'agroécologie se joue ainsi le débat, plus large, des formes sociales d'exercice de l'activité agricole, de leur coexistence au sein des territoires, et la confrontation entre plusieurs visions de l'organisation du monde agricole, de l'espace rural et de l'accès aux ressources. C'est ainsi la question du sens, de la portée et de la charge politique qui sont véhiculées par la notion d'agroécologie et le projet que ses promoteurs lui associent, qui est analysée dans les contributions de cet ouvrage. En effet, comme le montrent certains auteurs, l'agroécologie relève parfois autant sinon plus d'un mouvement social, porté par des entrepreneurs de cause investis d'une mission et d'une lutte, que d'un projet technique bien délimité et unifié. L'agroécologie et les messages de ses promoteurs dessinent parfois, comme le montrent les contributions traitant aussi bien de la France que de l'Argentine, bien au-delà d'un modèle de développement agricole, un projet de société abordant notamment des questions liées aux formes dominantes d'organisation économique (le capitalisme notamment). La question de la valorisation marchande des produits d'une agriculture respectant les principes de l'agroécologie est en ce sens évoquée (voir contribution de Souza Casadinho), et permet de mettre en relief certaines tensions, ou encore une fois certaine convergence, avec d'autres formes d'agriculture comme l'agriculture biologique, dont les promoteurs revendiquent également une mise à distance du modèle agricole intensif.

Enfin, l'objectif de cet ouvrage, au travers des contributions qu'il rassemble, est de donner à voir la nature des acteurs qui soutiennent, défendent, et donnent corps à la notion d'agroécologie et aux mouvements qui s'organisent autour d'elle. Il s'agit en effet de mettre au jour tout d'abord les acteurs qui font l'agroécologie, les coalitions qui la portent, et celles auxquelles elles s'opposent. Les textes ici rassemblés donnent à voir les relations entre organisations professionnelles agricoles, acteurs de la recherche agronomique, des services de développement et d'extension agricole, du champ politique et de la société civile (consommateurs, ONG), qui dans chacun des deux pays ont porté la notion et ses propositions. Ils contribuent à montrer également comment ces relations ont évolué au fil du temps, et les mutations que les promoteurs de l'agroécologie appellent de leurs voeux. Sur ce point, plusieurs chapitres (voir Cittadini, ainsi que Tito et Marasas) interrogent la place qu'occupe, ou que pourrait occuper l'Etat et les politiques publiques, en faveur du développement de l'agroécologie. De ce point de vue, le regard croisé entre la France et l'Argentine permet de rendre compte, sur les dimensions environnementales au moins, des profondes différences qui caractérisent les deux situations quant à ce rôle de l'Etat. En effet, si en France les logiques d'écologisation ont été portées essentiellement par la puissance publique (nationale ou européenne), le cas d'un pays émergent comme l'Argentine, marqué par la difficulté des initiatives publiques à se formaliser ou s'imposer en la matière au profit d'initiatives privées – autour du soja notamment (Fouilleux, 2010 ; Konefal, Busch, 2009) -, offre un contraste saisissant.

À partir de mises à distance historiques, de témoignages de scientifiques engagés ou observateurs de l'agroécologie, mais également d'exemples de politiques et de formations accompagnant son essor, cet ouvrage invite donc le lecteur à mieux comprendre, en Argentine et en France, ce qui donne corps, sur le terrain social et académique, à la notion d'agroécologie. Il invite également à mieux saisir l'importance des enjeux qui se nouent, à l'interface entre recherche et développement, dans les débats qu'occasionnent les développements de l'agroécologie.

Références bibliographiques

Altieri MA, 2002. Agroecology: the science of natural resource management for poor farmers in marginal environments. *Agriculture, Ecosystems and Environment*, 93, 1-3, 1-24.

Altieri MA, 2003. Ethical dimensions of agroecology criticism to agrobiotechnology. *Acta bioethica*, 9, 47-61.

Fouilleux E., 2010. Standards volontaires. Entre internationalisation et privatisation des politiques agricoles. In : Hervieu B., Mayer N., Muller P., Purseigle F., Rémy J. (Eds), *Les mondes agricoles en politiques*, Paris, Presses de SciencesPo, 371-396.

Gliessman SR, 1990. Agroccology: researching the ecological basis for sustainable agriculture. *Ecological Studies*, 78, 3-10.

Goulet F., Hernandez V., 2011. Vers un modèle de développement et d'identités professionnelles agricoles globalisés ? Dynamiques autour du semis direct en Argentine et en France. *Revue Tiers Monde*, 207, 115-132.

Konefal J., Busch L., 2009. Markets of Multitudes: How Biotechnologies are Standardising and Differentiating Corn and Soybeans. *Sociologia Ruralis*, 50, 4, 409-427.

Remy, 1987. La crise de la professionnalisation en agriculture : les enjeux de la lutte pour le contrôle du titre d'agriculteur. *Sociologie du travail* 29, 4, 415-441.

CHAPITRE I

L'agroécologie : bases scientifiques, histoire locale et stratégies de production

Javier Souza Casadinho

L'humanité se trouve à un carrefour : produire des aliments pour un nombre croissant de personnes, tout en protégeant les biens communs naturels. L'agriculture moderne basée sur la monoculture et l'utilisation d'intrants de synthèse produit un impact environnemental significatif, y compris sur le changement climatique. L'agroécologie, à partir de ses principes fondamentaux (réaménagement du domaine agricole, intégration de la biodiversité structurelle et fonctionnelle, nutrition organique des sols) peut favoriser une production alimentaire de qualité, en atténuant et en s'adaptant aux effets du changement climatique. Il s'agit de recréer des systèmes de production stables, durables et qui soient équitables à la fois au sein des générations et entre elles. Ce chapitre vise à analyser, en Argentine, la proposition agroécologique, ses aspects théoriques, les caractéristiques assumées par les producteurs qui l'ont adoptée ainsi que l'évolution de ce mode de production.

Contexte productif international et national

Notre planète est aujourd'hui confrontée à un processus critique à l'égard de l'agriculture en général, et de la production alimentaire en particulier. L'activité est dominée par les grandes entreprises qui font de la production alimentaire une activité économique, sans tenir compte des caractéristiques et des rythmes que la production agricole exige. Ils entretiennent ainsi une relation purement instrumentale avec le patrimoine naturel. Ce n'est pas un phénomène inconnu, au contraire : c'est une étape du processus de la modernisation agricole, souvent désignée par l'expression « Révolution Verte ».

Le modèle de production dominant dans l'agriculture mondiale, et particulièrement en Argentine, est basé sur des monocultures qui nécessitent l'utilisation de semences améliorées, la plupart du temps transgéniques, d'engrais, et bien sûr de pesticides. Le « paquet » technologique est inhérent à ce modèle puisque les monocultures sont écologiquement impossibles à mettre en œuvre si elles ne s'appuient pas sur l'apport d'engrais chimiques et de pesticides. Dans ces modèles de monoculture, le processus de nutrition du sol, basé sur les rotations et l'approvisionnement en matière organique, tend à être remplacé par l'utilisation d'engrais solubles. De même, le contrôle de certains insectes et plantes sauvages - dans la nature effectué par des prédateurs et parasites - est remplacé par l'utilisation de pesticides. Cette stratégie, avec ses pratiques dérivées et ses technologies appliquées, ont un impact environnemental significatif.

Face à cette réalité, l'agroécologie apparaît comme une proposition globale pour le développement économique, social et culturel des communautés. La polyculture, les associations entre les espèces arborées et herbacées, qu'elles soient annuelles et/ou vivaces, sont des exemples de la manière dont les associations peuvent recréer des relations entre ces mêmes plantes et leur environnement physique et biologique. Elles potentialisent ainsi les cycles naturels de nutriments, les flux d'énergie et les processus hydrologiques. Pour sa part, la nutrition organique du sol, à partir du recyclage des matières organiques, permet une nutrition adéquate des sols qui détermine à son tour une alimentation équilibrée des plantes. Ceci favorise alors de meilleures opportunités de croissance et de développement, tout en réduisant nettement les probabilités d'attaque par les insectes et les maladies (Guazelli, 2008).

Par ailleurs, l'agroécologie privilégie le savoir local, l'échange des connaissances, le développement local, l'organisation des producteurs, leurs liens avec les consommateurs et la défense de la souveraineté alimentaire. Cette proposition va donc bien au-delà des limites d'une proposition purement technique.

Le modèle agricole actuel et la politique sous-jacente constituent selon nous un obstacle à l'élaboration de la proposition agroécologique et à son appropriation par les producteurs. Dans ce cadre, les politiques énergétiques, fiscales, monétaires facilitent le développement de l'agriculture de type industriel au détriment de la proposition agroécologique. Dans ses aspects « micro », l'expansion des cultures transgéniques, en particulier le maïs avec l'utilisation de pesticides, contamine les végétaux cultivés et les animaux élevés selon le mode de production agroécologique, entraînant ainsi des préjudices sur la production et le commerce.

Émergence, expansion et consolidation du mouvement agroécologique en Argentine

Les différentes propositions des écoles qui nourrissent l'agroécologie - l'agriculture biodynamique, la permaculture, l'agriculture naturelle et l'agriculture écologique[3] - ont souligné, chacune à leur manière, différents aspects relatifs aux relations entre les êtres vivants et avec le cosmos. Elles enrichissent ainsi la proposition agroécologique avec les contributions de l'agriculture indigène et paysanne représentée dans les différents territoires. Alors que l'agroécologie, non seulement comme pratique agricole mais comme vision et intervention sur la réalité, est aussi vieille que l'humanité, ce n'est qu'à la fin des années 70 et au début des années 80 que l'on voit naître les premières tentatives de conceptualisation, tant dans le domaine de la recherche scientifique qu'au sein des ONG qui travaillent dans des collectivités rurales.

Initialement définie comme « la science écologique appliquée à l'agriculture, elle reconnaît la co-évolution sociale et écologique ainsi que le caractère indissociable des systèmes sociaux et écologiques » (Altieri, M.1983). Ces premières définitions se réfèrent à l'écologie, notamment à ses principes fondamentaux comme les interactions entre les éléments, les relations proies/prédateurs et les flux d'énergie. Dès le départ, on reconnaît l'impossibilité de séparer les systèmes humains de production, d'utilisation et de consommation de biens des agro-écosystèmes. Cette correspondance est étayée sur la base des relations entre les sols, le climat et la végétation.

---

[3] Voir : Steiner (1988), Fukuoka (2000), Mollison (1999).

L'agroécologie suppose une modification substantielle des systèmes de production issus de la Révolution Verte. Dans les façons d'analyser et d'envisager les systèmes de production, l'agroécologie prend comme point de départ le réaménagement du domaine agricole dans le but d'accroître la biodiversité fonctionnelle et la nutrition appropriée des sols. Cette démarche favorise à son tour une nouvelle relation entre les populations et l'environnement. La réalité montre que beaucoup de producteurs ne parviennent pas à opérer ce changement et restent à mi-chemin, produisant des monocultures organiques sans biodiversité ni nutrition appropriée des sols. Ils restent ainsi dépendants des intrants extérieurs dans la mesure où ces derniers remplacent les processus et les relations absents.

La production agroécologique en Argentine reconnaît les modes de production des peuples autochtones et des producteurs de type paysan. Plus récemment, dans la région « extra-pampéenne », la production sans pesticide a connu d'importants développements. On doit souligner les contributions des ONG comme l'Institut de Culture Populaire (INCUPO) et l'Institut pour le Développement Social (INDES), ou des expériences associées aux petits producteurs familiaux du nord-est du pays. Ces expériences ont tenté l'intégration des cultures et de l'élevage à la gestion durable des écosystèmes naturels, telle que la forêt native. À chaque fois, l'accebt é été porté sur la valorisation les connaissances locales en matière d'alimentation et de soins des animaux, de production de semences, de développement de technologies appropriées et d'utilisation des espèces sauvages dans l'alimentation et la santé humaine. On souligne en outre la mise en œuvre de mécanismes de communication avec les producteurs, fondés sur l'éducation populaire et qui ont permis de recréer des liens forts facilitant l'intégration de la proposition.

Les premières organisations de l'agroécologie

Les organisations de la société civile, les ONG, ont été à l'initiative des premières discussions théoriques, avec pour objectif de conceptualiser la proposition et de mener des actions spécifiques avec les producteurs. En ce sens, la première expérience systématique est née en 1985 et s'est étendue à l'étude et au développement de l'agriculture biologique en Argentine. Elle a été développée par le Centre d'Études de Cultures Biologiques, le CENECOS, qui déclarait dans sa première communication écrite: «[le but] est d'étudier, tester et diffuser tout ce qui touche à l'agriculture biologique… Nous pensons que même si des expériences utiles nous viennent d'Amérique du Nord et d'Europe, elles manquent souvent de validité pour notre environnement ; elles ont des réalités culturelles, sociales, climatiques et écologiques différentes » (Cenecos, 1985). Cette institution, pionnière dans la diffusion de l'agriculture biologique, a développé jusqu'en 1990 la formation et la promotion de l'agriculture biologique (AB) grâce à des ateliers de formation, des réunions d'échange, la publication et la distribution d'un bulletin, le *Boletin* bimestriel.

En 1989, au sein du Centre d'Études sur les Technologies Appropriées en Argentine (CETAAR), le projet *Difusion* et la formation en agroécologie ont démarré. Ce projet avait pour objectif, entre autres, d'étudier et de promouvoir l'adoption de pratiques de gestion non agressives pour l'environnement, d'encourager la participation des producteurs et de les avertir des dangers liés aux pratiques de gestion promus par la Révolution Verte. Malgré la multiplicité des objectifs et les difficultés de financement, le projet a offert une alternative de diffusion de l'agroécologie à partir de la création d'un centre de démonstration, de l'édition de documents de sensibilisation, du soutien aux producteurs et de la réalisation d'ateliers et séminaires (Casadinho Souza, 2002).

Le centre de démonstration a permis de réaliser des propositions de travail et d'intégration des cultures horticoles, d'élevage et de culture de plantes médicinales. Différentes technologies ont également été testées, liées à la gestion écologique des parasites, à la nutrition des sols et à la production de semences locales. Cette expérience a abouti à une proposition intégrative qui a permis de montrer *in situ* aux visiteurs les possibilités et les contraintes de cette proposition. Le matériel promotionnel (brochures, bulletins, journaux) a permis de faire connaître massivement la proposition, atteignant des candidats potentiels qui étaient hors de portée directe. Enfin, les ateliers d'échange et de formation menés dans plus de 15 sites à travers le pays ont fourni l'occasion de discuter et d'analyser la proposition de travail à la lumière des conditions sociales, culturelles et environnementales de chacune des communautés visitées.

Simultanément à la proposition de travail de CETAAR, le travail d'autres ONG a commencé. Avec elles, le CETAAR a pu articuler des stratégies de travail au niveau communautaire. L'exécution des activités spécifiques des communautés a eu une incidence politique. On peut souligner ici plus particulièrement les activités du Centre œcuménique pour l'Éducation Populaire (CEDEPO), du Centre d'Études sur la production agroécologique (CEPAR) et du Réseau d'Agriculture Biologique de Misiones (RAOM). Le CEPEDO, avec son centre de démonstration situé à Florencio Varela, a été capable de combiner la diffusion de technologies appropriées, la création de coopératives de production et la commercialisation des produits agroécologiques, tout en construisant une proposition dont les dimensions politiques valorisent le rôle du producteur familial. Pour sa part, le CEPAR, à partir de sa proposition d'agriculture urbaine développée à Rosario-Santa Fé, a été capable de recréer des technologies appropriées qui intègrent au projet des centaines de producteurs migrants pauvres du nord du pays. Il convient dans ce cadre de souligner particulièrement le travail sur la récupération de semences indigènes et sur l'articulation entre la production et la commercialisation, grâce à l'installation de foires locales. Enfin, la RAOM, dès le début des années 90 et par le biais de ses activités de recherche, de formation et de sa stratégie de communication politique, a permis l'expansion de l'agroécologie dans une province où le développement des monocultures (tabac, forestière) avait entraîné une fragmentation et une perte des savoirs ancestraux. Il convient aussi de mentionner la création de foires gratuites qui ont permis de faire le lien entre producteurs et consommateurs, donnant accès à des aliments de qualité à des prix équitables.

La contribution du Programme « Cambio Rural »

Dans le prolongement de ces expériences, l'État, au travers du Ministère des Affaires Foncières de la province de Buenos Aires, a mis en place à partir du début des années 2000, un dispositif en articulation avec les ONG locales : le programme Cambio Rural.

La proposition d'intervention élaborée par les techniciens de ce programme à Buenos Aires a consisté à établir, à partir de la recherche-action participative, un accord de travail avec des groupes locaux de producteurs. Entre 2001 et 2008, les techniciens se sont ainsi rapprochés de groupes de producteurs pour leur proposer de convertir leurs exploitations à une horticulture sans pesticides (Maidana et al, 2005). Les stratégies proposées dans ce programme ont permis l'intégration d'agriculteurs pratiquant une agriculture conventionnelle et ayant appris de leurs parents à travailler la terre. Parmi les raisons que les participants ont mises en avant pour expliquer ce changement dans leur mode de production, ont été évoquées des raisons économiques, des décisions personnelles, des questions politiques et le désir de préserver l'environnement et la santé (Bianconi, 2006).

Les réseaux de l'agroécologie

Parallèlement, le premier réseau national de l'agroécologie - Réseau Argentin d'Agroécologie (RADA)- a été fondé en juillet 1990. Ses objectifs principaux étaient de partager des informations sur la recherche en agriculture biologique, tant dans les cultures urbaines de subsistance qu'au niveau des cultures extensives, de réaliser des activités de formation, d'avoir un impact sur les politiques publiques, et de réaliser des publications communes. Malgré les intérêts et les objectifs divergents dans les groupes constitutifs, malgré une histoire différente au niveau de leur organisation et de l'insertion spécifique dans le territoire, le réseau s'est réuni et a développé des activités jusqu'en août 1992.

Mais au-delà du niveau national, dès 1989 s'était formé au niveau régional le Consortium Latino-américain d'Agroécologie (CLADES) dans lequel on trouve deux organisations argentines, l'INDES et le CETAAR. Parmi leurs activités, on peut souligner notamment l'édition et la projection audiovisuelle autour de l'agroécologie, le développement rural en Amérique Latine, la revue *Agroecologia y Desarollo,* ainsi que le soutien à la formation et à la recherche[4]. En 1989 toujours, plusieurs ONG du

[4] L'une d'elles a été réalisée à la Chaire de Sociologie et Vulgarisation rurale de la Faculté d'Agronomie de l'Université de Buenos Aires qui a comparé deux

développement ont donné naissance au Mouvement Agroécologie d'Amérique Latine, MAELA, dans le contexte de la crise provoquée par les politiques économiques des années 80. Il s'est constitué officiellement en 1992, et défini comme « *un mouvement qui coordonne des organisations paysannes de petits et moyens agriculteurs, des communautés autochtones, des communautés sans terre, des femmes et des jeunes ruraux, des consommateurs, des universités et des organismes sociaux défendant l'agroécologie comme une approche phare pour la construction de projets de développement agroalimentaire et rural* ». MAELA se base sur la défense de la souveraineté alimentaire et le respect de la nature. C'est un mouvement social, pluraliste, démocratique et multiculturel dont l'objectif principal est de protéger l'agriculture agroécologique paysanne et les petits producteurs, ceci pour assurer l'approvisionnement alimentaire et d'autres biens à toute la population[5] ». Cinq organisations d'origine Argentine - y compris CETAAR - et plus de vingt au total aujourd'hui, ont développé des activités d'impact, de formation, de diffusion et de plaidoyer. On note aussi la publication et la distribution de la revue *Hoja a Hoja* qui intègre des articles traitant de recherches réalisées dans les fermes des producteurs, des articles de recherches techniques, d'autres de contenu social et politique.

Dans le cadre des activités de MAELA, et en collaboration avec le CETAAR, a eu lieu à Concepción del Uruguay (Entre Rios - Avril 1994), la première rencontre du Mouvement Agroécologique Argentin. Des producteurs, des membres des ONG, des membres des institutions publiques et d'autres invités des pays du Cône Sud ont participé à l'événement (*Hoja a Hoja* de MAELA, 1994[6]). Celui-ci a permis, à travers la présentation des résultats de la recherche, de tenir des débats et expositions, d'analyser la réalité agricole argentine, de connaître les travaux sur l'agroécologie, et en particulier les expériences productives. Il a aussi permis de planifier les futurs espaces de travail, MAELA coordonnant à l'heure actuelle les actions d'une vingtaine d'ONG. Certaines de ces activités sont centrées sur la dimension technique, d'autres sont

---

méthodes de culture de la tomate, conventionnelle et agroécologique (Souza Casadinho et al., 1993).

[5] Revista Hoja A hoja del MAELA: Nª 4. 1993. Asunción Paraguay.

[6] Revista Hoja A hoja del MAELA: Nª 6. Agosto de 1994. Asunción, Paraguay.

liées au marketing, mais toujours avec cette empreinte politique propre qui les différencie des autres instances liées à la production biologique (comme le Mouvement Argentin pour la Production Biologique, MAPO). Ainsi, le MAELA a travaillé à la promulgation de normes visant à certifier la production biologique d'une manière participative, a pris parti et a exécuté des actions contre le développement des cultures transgéniques et l'usage des pesticides en proposant des modèles alternatifs de développement.

Depuis 1997, le Réseau pour l'Action contre les pesticides et pour les alternatives pour l'Amérique Latine (RAPAL), coordonné depuis cette année par CETAAR, effectue des actions de plaidoyer, de formation, de diffusion et de recherche sur la question de l'utilisation des pesticides. Il propose également des alternatives agroécologiques. Des actions se sont développées dans presque tout le pays avec notamment, l'an dernier, des campagnes pour la régulation des pulvérisations aériennes et terrestres de pesticides, de même que pour l'interdiction des produits toxiques les plus dangereux. Des surveillances épidémiologiques des pesticides ont également été menées et des alternatives agroécologiques ont été proposées comme un moyen d'aplanir les menaces de la sur-utilisation de substances toxiques. Ces activités comprennent la diffusion de la proposition dans des programmes de radio, des ateliers et séminaires de formation ainsi que l'édition de la revue *Enlace*.

Une particularité en Argentine est que, contrairement à d'autres pays latino-américains (Bolivie, Pérou) et européens, la Fédération Internationale des Mouvements d'Agriculture biologique - IFOAM - a toujours eu très peu d'impact. L'IFOAM est une organisation internationale à laquelle appartiennent des ONG, des producteurs, des consommateurs et commerçants de produits biologiques (IFOAM, 1990). Il est probable que cette difficulté à s'enraciner en Argentine est liée aux caractéristiques propres des producteurs agroécologiques nationaux. En Argentine, les premières décisions prises par les ONG locales et l'engagement fort de l'IFOAM pour la certification par des tiers ont été fortement contestés par les acteurs du paysage agroécologique local.

Le rôle des mouvements sociaux et des Universités

Enfin, on observe une forte participation des mouvements sociaux autour de l'élaboration de la proposition agroécologique comme une alternative au modèle dominant. Ces organisations cherchent à articuler la critique faite à ce modèle avec les revendications liées à la reconnaissance des connaissances indigènes et à la lutte pour la terre, pour le développement de marchés alternatifs et l'égalité des sexes. Il convient également de souligner le travail du Conseil Provincial des organisations de producteurs familiaux de Buenos Aires, réalisé à partir d'activités de plaidoyer, d'ateliers de formation, de la promotion de foires aux semences et de la création d'instances alternatives de commercialisation. Ce travail a permis l'organisation des producteurs pour la recherche de solutions systémiques et intégrales, à partir d'un projet à l'ancrage politique très marqué[7].

Dès le début, la proposition agroécologique a requis la production de connaissances à partir d'une approche holistique, systémique et transdisciplinaire. À leur tour et en répondant aux prémisses de la proposition, les connaissances ont dû s'élaborer dans des espaces locaux qui valorisent tant les apports des connaissances scientifiques que ceux provenant de la communauté. Mais alors que les premières expériences qui ont permis la production de connaissances à partir de la pratique ont été développées au début des années 1970 (avec la participation de diverses ONG comme CIPES, INCUPO, INDES), les travaux dans les universités ont commencé vingt ans plus tard, dans les années 1990. Les recherches à l'Université de La Plata, à l'Université de Buenos Aires et, plus récemment, à l'Université de Rio Cuarto (Cordoba), ont joué un rôle important. À l'Université de La Plata (Département d'Agroécologie et de Développement Rural de la Faculté d'Agriculture), à la Faculté et au Musée de Sciences Naturelles ainsi que, plus récemment à la Chaire de la Souveraineté Alimentaire, la formation comprend des cours de premier cycle, des ateliers de formation, des séminaires internationaux et des activités de recherche et de vulgarisation. Concernant ces dernières activités, on peut souligner encore l'édition de brochures sur « les ravageurs et ennemis naturels », la récupération et le sauvetage des

---

[7] Boletín Raíces Campesinas. N° 2.2009. Bs. As. Argentina.

semences indigènes comme la tomate « platense » et l'accompagnement des producteurs de la Ceinture Verte.

Les activités de la Faculté d'Agronomie de l'Université de Buenos Aires ont elles commencé en 1992, et tentent de coordonner des activités de sensibilisation, d'enseignement et de recherche. Des recherches comparatives ont été menées sur les aspects techniques de production et selon la perspective sociale, en essayant de résoudre le problème de la transition. Le *Bulletin d'Agroécologie* a édité quatre numéros, dans lesquels sont publiés des rapports des producteurs, des nouvelles techniques et des notes critiquant le modèle de la Révolution Verte. Depuis 1993, en référence à l'enseignement, l'agroécologie est proposée comme une formation ouverte. L'option « Recherche et vulgarisation en agroécologie » a démarré en 2011.

Dans le domaine de la production de connaissances, la relation entre les ONG et les universités a permis, sur un terrain « conflictuel », de combiner les points forts et les ressources. Le développement territorial réalisé par les ONG a rencontré la capacité des universités pour développer des recherches spécifiques sur les insectes et les maladies, sur les instances de marketing alternatif, la nutrition du sol et l'intégration des activités productives.

De son côté, l'Institut National de Technologie Agricole (INTA) a accéléré son travail avec le séminaire « Critique de notre agriculture[8] », qui reconnaît l'impact environnemental de la Révolution Verte et propose la recherche de modèles alternatifs. Ce travail a été développé dans différents sites expérimentaux (Oliveros, San Pedro, Pergamino, etc.). La même année, le projet Pro-Huerta s'est développé dans le but d'améliorer l'accès à la nourriture dans des secteurs vulnérables de la population, à partir de l'autoproduction des aliments[9].

---

[8] Né au milieu des années 90, son objectif fut de réaliser une analyse critique de la Révolution verte et de la proposition technologique réalisée par l'INTA.

[9] Nous ne développerons pas ici en profondeur les apports à l'agroécologie du programme ProHuerta. Ils seront traités dans le chapitre de Roberto Cittadini, directeur national du programme. ProHuerta a établi des alliances stratégiques avec les ONG, développant des activités dans différents territoires. L'INCUPO en province et le CETAAR en périphérie de Buenos Aires sont de bons exemples : ces associations ont profité de l'expérience du programme, de l'accès aux

Les acteurs sociaux, les stratégies de production et de commercialisation

Différents types d'agriculteurs sont mobilisés derrière la production agroécologique. Ils peuvent être distingués soit par des variables structurelles (comme la dotation en facteurs de production), ou par des variables comme l'ancienneté dans l'activité productive ou le lien avec les organisations de la société civile ou les marchés. On trouve des producteurs de type familiaux (capitalisés ou non) ou de type entreprenariaux.

Un exemple de région qui connaît un développement important de l'agroécologie est la zone horticole en périphérie de la ville de Buenos Aires. C'est ici qu'ont eu lieu, au milieu des années 1980, les premières expériences de production de culture biologique, et c'est au début des années 1990 que ce mode de production a commencé à connaître une véritable notoriété (Souza Casadinho, 1995). Ce sont tout d'abord des exploitations familiales qui ont été concernées, avec des initiatives à petite échelle gérées par des producteurs installés récemment ou des membres d'associations écologistes. La dotation de terres pour la production variait entre 1 et 20 ha, avec une main d'œuvre essentiellement familiale complétée par des travailleurs contractuels, généralement de type métayer. En ce qui concerne le devenir de la production, elle était dirigée vers le marché intérieur et arrivait aux consommateurs dans les foires de commerce de détail ou par des livraisons à domicile.

Plusieurs facteurs ont donné lieu à l'émergence de ce mode de production (Souza Casadinho, 1995), avec tout d'abord l'existence d'un prix différentiel des produits biologiques par rapport aux produits conventionnels, et la sanction des instances officielles pour réglementer la production et la certification d'origine organique. Mais c'est également l'augmentation de la consommation et de la demande envers des produits plus « sains » et exempts de contaminants qui a été significative, en synergie avec le renforcement d'un réseau d'acteurs institutionnels favorables à l'agroécologie (ONG, universités, centres de recherche).

Aujourd'hui, après presque vingt ans d'activité dans la région, deux types de producteurs coexistent. Ils sont tous deux de type

---

potentiels bénéficiaires, d'une stratégie de travail effective et de la possibilité pour les ONG d'accéder aux apports financiers et aux intrants proposés par l'INTA.

familial, et mènent sur le terrain des stratégies de production biologique.

Les premiers, que l'on pourrait qualifier de producteurs « bio », sont propriétaires des terres sur lesquelles ils produisent, dont les surfaces varient entre 5 et 20 ha. L'organisation du travail est basée sur l'embauche de métayers et de salariés qui surveillent et effectuent toutes les tâches, de la préparation du sol à la récolte et l'emballage des produits. Les membres de la famille sont engagés uniquement dans des tâches commerciales et administratives. Il est important, pour les caractériser, de souligner le haut niveau d'éducation des professionnels concernés. Ceux-ci ne résident pas dans les exploitations et n'appartiennent pas à des familles de tradition agricole. Ils entretiennent une relation de type « productiviste » avec la nature, qui s'apparente à celle des entrepreneurs du secteur horticole conventionnel. Alors que le mode de culture sans pesticides le plus commun dans la région est celui de plein champ, le nombre de producteurs qui effectuent des cultures sous couverture a augmenté ces dernières années. Ceci permet en effet une plus grande indépendance à l'égard des conditions météorologiques, et d'améliorer la qualité formelle des produits ; en revanche, il provoque une augmentation des coûts fixes et exige du capital pour réaliser l'investissement. Quant au devenir de la production, il est entièrement tourné vers le marché et non vers la consommation familiale.

Les seconds produisent et développent sur leurs terres des stratégies qui sont selon nous plus en accord avec les principes défendus par l'agroécologie. Par contre, ils ne peuvent pas commercialiser leurs produits sous le label biologique car ils ne possèdent pas la certification établie par des entreprises privées habilitées (certification par un tiers), telle qu'elle est prévue par la réglementation. Ces producteurs ont cherché des alternatives afin de commercialiser leurs produits, en essayant de se mettre en relation directe avec le consommateur. De cette manière, ils remplacent la certification imposée par la loi par une relation de confiance : ils font connaître leurs terres dans le but de former et informer les consommateurs sur les processus de production. Ces producteurs se nomment eux-mêmes "agroécologiques". L'un de leurs traits les plus caractéristiques est que la plupart d'entre eux n'ont pas de lien juridique stable avec leurs parcelles, et certains peuvent même être considérés comme des « intrus ». L'organisation du travail est familiale, complétée par des travailleurs temporaires. Leur niveau d'éducation est rudimentaire, ils n'ont pas de diplôme universitaire. Ils appartiennent à des familles ayant une tradition d'activités agricoles, et exprimant un respect de l'environnement. Ils ont une vision de la réalité et de l'environnement qui met l'accent sur la notion de durabilité, qu'ils opposent à la productivité à court terme. Les activités de production complètent celles qui sont destinées à la vie de la famille, à savoir la production de cultures pour la consommation domestique comme le traditionnel potager, l'élevage des poulets et des porcs, la production de fruits (agrumes, prunes, pommes) (Bocchiglieri, 2011). Les zones de culture agroécologique oscillent entre 0,5 et 10 ha par exploitation, et sont consacrés à la culture de cinq à vingt espèces de légumes, ceci variant selon la zone de production et les relations avec le marché. Le choix des cultures est lié à l'expérience de la production, la quantité et le type de main-d'œuvre, les caractéristiques du sol, la complexité présentée par le végétal en agriculture biologique ainsi que les liens avec le marché (Casadinho Souza et al., 2009).

En dehors de la région pampéenne, il existe une histoire relativement riche autour de la production agroécologique, qu'elle soit destinée aux marchés internes et externes ou bien réservée à la consommation familiale. À l'heure actuelle coexistent, parfois dans la même zone, deux types distincts d'acteurs selon la dotation de ressources, selon leurs stratégies de production et de marketing : les producteurs de type paysan et ceux de type commercial. Bien qu'ils constituent un groupe hétérogène avec des membres qui sont impliqués dans les processus conduisant à la capitalisation ou à la prolétarisation, les producteurs de types paysans engagés dans l'agroécologie se caractérisent par la rareté des terres, l'accès limité au capital, l'organisation familiale du travail et une tradition productive parfois liée aux grandes cultures extensives (coton, yerba mate, etc.). Habituellement, ils destinent une partie de leurs terres et de la main-d'œuvre familiale à la production d'une série de cultures (légumes, maïs, manioc, arbres fruitiers) et à l'élevage de bétail destiné à la consommation familiale et au marché. Ils ne certifient pas leur production (celle qui va sur le marché intérieur), mais établissent des relations de confiance avec les consommateurs ou bien établissent leur légitimité par des systèmes de garantie participative. Ces producteurs paysans sont généralement liés à des ONG de développement impliquées dans les plans et projets relatifs aux institutions de l'État ou du gouvernement (l'INTA, le ministère du Développement social, etc.). Cette articulation leur permet d'accéder aux intrants, aux crédits, à des services de formation et aux foires où ils écoulent une partie de leur production.

Auparavant, plusieurs de ces producteurs pratiquaient des cultures à forte consommation de pesticides, comme le tabac. Ils commentent que la rencontre et l'accès à une production de type agroécologique a été une opportunité qui a changé leurs vies. Ils expliquent en effet que cette forme de production ne demandant pas d'intrants ne les expose pas à des toxines, réduit les coûts de production et améliore leur santé. En outre, la production agroécologique a facilité selon eux l'organisation et la participation dans des domaines liés à la production, à la commercialisation ou plus largement à la vie citoyenne. Bien que leurs revenus ne se soient pas toujours améliorés comparativement à ceux obtenus avec la production conventionnelle, ils considèrent avoir sensiblement amélioré leurs chances d'aller vers un développement intégral, en tant qu'individus capables de répondre à tous leurs besoins et non seulement aux plus basiques : reconnaissance personnelle, estime de soi, valorisation de leurs connaissances. Il en va ainsi des producteurs de Misiones, des participants aux foires gratuites, des agriculteurs agroécologiques de Bellavista - Corrientes, des producteurs paysans agroécologiques du nord de Santa Fe, etc.

Les producteurs commerciaux - qui sont également très hétérogènes - se caractérisent par des ressources financières suffisantes pour leur faciliter l'accès à la terre et le recrutement de main-d'œuvre. Ces fermiers et/ou propriétaires sont, dans certains cas, liés à des capitaux étrangers. Ils se consacrent à la production de céréales, d'oléagineux, de raisins, olives, pommes, ainsi qu'à l'élevage du bétail, de préférence pour l'exportation. Ils font certifier leur production par des entreprises privées, ce qui implique une augmentation des coûts de production mais leur permet d'exporter, principalement vers l'Europe. Ils développent des monocultures généralement de type organique, avec peu de diversité biologique et de fait un risque de faible durabilité (forts risques d'attaques d'insectes ou de prolifération de mauvaises herbes). Ils ont ainsi recours à des technologies et produits autorisés par la réglementation (utilisation de phéromones, de préparations à base de plantes, etc.) Beaucoup de ces producteurs privilégient la rentabilité potentielle, plutôt que leurs croyances ou idéaux agroécologiques ; ainsi, si l'activité n'est pas rentable, ils l'abandonnent. Enfin, des situations problématiques ont été détectées dans les conditions de recrutement, de rémunération et de vie de la main-d'œuvre contractuelle, conditions qui contredisent les idéaux de la proposition agroécologique. En effet, celle-ci ne cherche pas seulement la rentabilité mais la durabilité, la stabilité des systèmes de production ainsi que l'équité entre les personnes.

La production et la commercialisation des produits agroécologiques

La production, la certification et la commercialisation des produits agroécologiques est un point relativement peu abordé dans la littérature, alors qu'ils constituent un aspect central du modèle agroécologique et de sa confrontation avec le modèle agroalimentaire qui prévaut actuellement en Argentine.

Pour certains producteurs agroécologiques, le marketing est une étape semée d'embûches car les voies d'accès appropriées et fluides n'existent pas toujours (Bianconi, 2006). Il y a généralement deux types de commercialisation : les *circuits courts*, ceux dans lesquels les agriculteurs ont un contact direct avec les consommateurs, et les *circuits longs*, où les produits sont vendus à un intermédiaire chargé de les acheminer vers le consommateur (Chifarelli, 2006). Au début de la production sans pesticides dans la ceinture verte de Buenos Aires, les producteurs de légumes commercialisèrent en se rapprochant directement des consommateurs. Actuellement, en raison de l'expansion de l'activité, d'autres formes de commercialisation apparaissent, mais sans pour autant abandonner la première. Les agriculteurs de la région combinent généralement plusieurs voies d'accès à la commercialisation en fonction des légumes cultivés, du lien avec les consommateurs, de l'évolution de leur production et de leurs compétences commerciales (Souza Casadinho. 2009). La tendance est cependant à la consolidation des circuits courts, qui permettent de contacter les clients, d'améliorer le rendement économique et d'ajuster la stratégie de production - variété et quantité - selon la demande des consommateurs. La vente par les circuits longs peut prendre différentes formes : livrer les produits à un dépositaire qui a des magasins de vente au détail, à un producteur sur les différents marchés alternatifs situés dans la ville de Buenos Aires, ou encore les remettre aux vendeurs à domicile en région métropolitaine.

Dans les circuits courts, les producteurs cherchent une relation avec le consommateur qui dépasserait l'opération commerciale, établissant des liens qui permettent d'intégrer les stratégies de production aux stratégies de commercialisation. Ces ventes directes peuvent être faites par la vente à domicile, sur le site même de production, dans des foires temporaires ou permanentes, dans les nouveaux marchés alternatifs de gestion communautaire ou par le biais des réseaux de solidarité. La vente aux clients réguliers grâce à la livraison à domicile est l'une des alternatives les plus largement utilisées. Dans ce cas, le producteur ou un membre de la famille livre de façon hebdomadaire chez le consommateur un panier contenant entre 7 et 10 produits. Dans cette forme de commercialisation, il est nécessaire de produire sur place ou d'acquérir une grande variété de légumes pour répondre à la demande des consommateurs. Il est donc important pour le producteur de maintenir une bonne planification des cultures afin de produire ces légumes, ou bien d'établir des relations avec d'autres producteurs pour faire des échanges. Ce type de vente permet de capter une plus grande part du surplus économique et, grâce au contact avec les clients, il facilite la planification de la production en fonction de la consommation.

Parallèlement, les ventes à la ferme (forme très répandue en Europe) ne peuvent être effectuées que par les producteurs dont la ferme est située dans un endroit facilement accessible et visible, autrement dit proche d'une route ou d'une zone de loisirs. Dans ce cas, le consommateur vient visiter le site et récolter lui-même les légumes ; ou encore l'agriculteur peut récolter et emballer les légumes demandés par le consommateur.

Les foires occasionnelles ou permanentes sont devenues une alternative qui permet de créer du lien avec les consommateurs, améliore l'affichage des produits et facilite la coordination avec les nouveaux clients. Pour répondre à la demande en quantité nécessaire et en variété de légumes, les producteurs doivent planifier correctement les dates des semences ou être en contact avec d'autres agriculteurs à proximité. Cependant, cette modalité de vente n'est pas aussi exigeante que les ventes à domicile : le consommateur choisit lui-même les produits qu'il préfère dans les différents stands de la foire[10]. Cette modalité s'est également répandue en province sous la forme des foires gratuites à Misiones et des foires vertes à Bellavista - Corrientes, Mar del Plata et Rosario. L'organisation de la foire nécessite la participation des producteurs, des discussions autour des règles relatives au fonctionnement, ainsi que des mécanismes de régulation de la certification d'origine « agroécologique ».

La commercialisation à travers des réseaux de solidarité permet d'échanger ou d'acheter des produits de différentes régions de production. Elle permet aussi d'améliorer les opportunités de vente comparativement aux producteurs ou groupes isolés. Parfois, ces dispositions relèvent du commerce dit « équitable », des systèmes de production/commercialisation qui favorisent la coordination entre producteurs et consommateurs afin de planifier la production globale, y compris la plantation, mais qui permettent aussi de s'accorder sur les prix et sur les livraisons. On cherche à recréer les conditions qui permettront aux producteurs d'obtenir des prix rémunérateurs et aux consommateurs l'accès à des aliments de qualité.

Les ventes en supermarchés sont également apparues comme une alternative au milieu des années 1990, et bien que des producteurs l'utilisent encore actuellement, elle a aujourd'hui perdu de l'importance. C'est une méthode de commercialisation dynamique, que les producteurs ont établie au fil du temps. Les producteurs apportent les produits au supermarché et les laissent en

---

[10] Des exemples comme : le *Centro Comunal de Abastecimiento "El Galpón"*, ouvert en novembre 2005 par des producteurs écologiques de plusieurs départements qui n'utilisent pas de pesticides et reçoivent le soutien du Ministère du Développement Social et du gouvernement de la Ville de Buenos Aires ; la Foire Sans Agrochimiques "*La Casona*", qui fonctionne depuis octobre 2004 au *Parque Pereyra Iraola* ; le Programme *Cambio Rural* et le Ministère des Affaires Agricoles de la Province de Buenos Aires ; la Foire du *Parque Ecológico Municipal de La Plata.*

dépôt. L'avantage de la commercialisation dans les supermarchés est lié au volume des ventes, au prix obtenu et à la réduction des besoins de diversification. Les coûts des intermédiaires peuvent être élevés, d'autant plus si les articles sont vendus emballés (Souza Casadinho, 1995).

Les ventes à des revendeurs, détaillants et restaurants, complètent l'éventail commercial, mais ne sont attractives que si elles assurent un flux continu de produits. En général, ce sont des points de vente complémentaires qui sont davantage soumis à l'imprévisibilité de la demande et à des prix plus bas. Il y a aussi des producteurs qui, ne pouvant pas certifier leur production ni la placer dans des circuits alternatifs, vont déposer leurs produits dans des commerces de détail conventionnels comme des épiceries et des marchés traditionnels (Bianconi, 2006).

Les prix de vente des légumes sans pesticides varient en fonction du circuit de vente, avec des différences qui vont de 10% à 100% par rapport à des légumes produits de manière conventionnelle. La plus grande différence se trouve dans les légumes-fruits (tomate, poivron, etc.). Le prix obtenu est lié à l'intérêt qu'ont les consommateurs à acheter un produit sans pesticides, et cette demande pose la question implicite de la certification qui donne aux consommateurs la certitude de la qualité "sans pesticides". Au-delà des prix obtenus, avec ou sans certification, les producteurs signalent que les marges économiques sont plus élevées que celles obtenues dans la production conventionnelle, car ils réduisent les coûts de carburant et de produits agrochimiques (Casadinho Souza, 2009, Bianconi, 2006).

Des études de marché ont permis de connaître les attentes les plus fréquentes des consommateurs de produits agroécologiques envers les producteurs : ils sont satisfaits des prix, mais regrettent le manque de continuité dans les livraisons de légumes. En général, ce manque de continuité est lié à un déficit de coordination entre la production et les exigences commerciales. Ceci apparaît comme le « maillon faible » de l'activité. Une planification de plantation adéquate permettrait une récolte échelonnée, et donc une meilleure gestion des livraisons sur le marché, en particulier pour les ventes de paniers diversifiés à domicile. Une autre alternative pour optimiser l'offre consisterait à développer les liens entre les producteurs afin qu'ils échangent ou transfèrent des produits entre eux.

La certification de la production agroécologique

Dans la mesure où il s'agit de produits « spéciaux », de par leur mode de production (le respect de la biodiversité biologique et culturelle, la non-utilisation de pesticides, la nutrition du sol et le respect du travail humain), une certification peut s'avérer nécessaire pour les distinguer. Cette certification peut passer soit par une étroite relation entre les consommateurs et les producteurs, soit par l'intervention d'un tiers. À l'heure actuelle, diverses formes de certification de l'origine et du mode de production des cultures coexistent : la certification par des tiers, la relation entre consommateurs et producteurs et, enfin, la certification par des systèmes participatifs de gestion.

Dans le premier cas, il s'agit d'entreprises privées qui effectuent des tâches de surveillance. Elles visitent les lieux une ou deux fois par an, analysent le mode de production, en particulier pour vérifier que des intrants de synthèse ne sont pas utilisés. Il existe des normes juridiques qui régissent l'origine et certifient la production biologique (les mêmes que celles établies par la Fédération Internationale des Mouvements d'Agriculture Biologique, l'IFOAM, en 1990). L'Argentine a adopté les premières dispositions qui régissent la production biologique et la commercialisation en 1993, traduisant une loi de 1999 sur la production biologique. Généralement, les producteurs critiquent ce mode de certification pour trois raisons essentielles : il ne tient pas compte des besoins réels des producteurs, il ne certifie pas le système mais des cultures spécifiques, et enfin il a un coût élevé.

Face à la certification par des tiers, la certification des systèmes de gestion participative s'impose dans le monde entier comme un moyen de légitimer et de renforcer la production agroécologique. Ce modèle certifie des systèmes de production plutôt que des types de cultures isolées, et il inclue des composantes sociales comme les caractéristiques d'embauche et les conditions de vie de la main d'œuvre. Il est recommandé que les producteurs et les consommateurs, les institutions étatiques et les organisations de la société civile participent à la procédure. L'objectif est également que le coût de la certification soit abordable et accessible aux producteurs sans que cette procédure ne soit de moindre qualité ni moins exhaustive. Il s'agit d'établir un système de certification capable de garantir la stabilité et la durabilité de l'agro-écosystème, d'associer les secteurs concernés et de donner une légitimité au processus[11]. Pour consolider ce style de commercialisation des produits agricoles, il est nécessaire d'articuler les activités entre les organisations de producteurs, les ONG et les programmes de développement rural. Cela peut ainsi garantir le contrôle sanitaire et l'accès aux centres de commercialisation appropriés, tant pour les producteurs que pour les consommateurs.

Le processus de transition et les politiques publiques

Le processus de transition de l'agriculture de type industriel à l'agriculture écologique implique différents niveaux d'action, du local à l'international. Sa mise en œuvre implique le remplacement des technologies fortement dépendantes de capital (engrais chimiques, produits phytosanitaires conventionnels), généralement polluantes et dégradantes pour l'environnement (travail du sol en profondeur et en continu, brûlage des chaumes, etc.), par d'autres technologies qui permettent l'entretien de la diversité biologique et la capacité productive du sol à long terme (Guzman, 2000).

Face à cette temporalité élargie et complexe, qui implique un changement substantiel du système de production (six ans pour passer d'un système de monoculture à un autre du type agro-écologique[12]), il est nécessaire de tenir compte des éléments permettant l'adaptation à tous les niveaux : processus chimiques, biologiques, hydrologiques, ou sociaux. L'élaboration du projet agroécologique dans la continuité, et pas seulement pour des cas isolés, nécessite dès lors un développement à différentes échelles : régionale, provinciale et nationale. À cet égard, Sevilla Guzmà (2000) affirme que : « *l'agroécologie comme stratégie de développement régional durable est une tentative pour établir des*

[11] Une expérience de ce type s'est déroulée dans le district de Cañuelas – Bs. As. - dirigée par l'association *Familias Productoras de Cañuelas*. Dans le district de Bellavista - Corrientes est menée une expérience unique de certification par gestion participative, autorisée sur ordonnance municipale.

[12] Des écosystèmes dégradés, pollués et d'une rare diversité biologique, l'aménagement du domaine selon une proposition agroécologique permet une meilleure articulation entre les cultures (annuelles et pérennes), entre les cultures et les animaux, ce qui est essentiel dans tous les systèmes de production pour recycler l'énergie produite et accumulée par les végétaux. Voir : Sevilla Guzmán, 2000.

systèmes de production alternatifs basés sur l'agriculture écologique. Il s'agit de concevoir, de manière participative, des propositions pour résoudre la crise socio-économique actuelle grâce à des formes d'action sociale collective qui, à partir des expériences de production, s'introduisent dans le processus de circulation. Ces processus génèrent à leur tour des marchés alternatifs basés sur la création de réseaux de producteurs et de consommateurs de produits biologiques, pour agir comme un système agroalimentaire articulé à des actions de développement local ». Le développement d'une stratégie globale est ainsi fondée sur la relation entre des acteurs spécifiques, dans un processus continu, et dans un contexte donné.

Aujourd'hui, il semble pourtant que nous soyons confrontés à une contradiction au cœur même des politiques étatiques qui apportent d'un côté un soutien à une agriculture extractiviste basée sur des monocultures pour l'exportation (elle est le pilier du modèle économique actuel), et en même temps un soutien fragmenté à l'agriculture familiale d'approche agroécologique. Étant donné les difficultés et les obstacles qui jalonnent l'étape de transition vers l'agroécologie, et du fait du caractère complexe des agro-écosystèmes, il est indispensable de mettre en œuvre des politiques qui soient spécifiques à l'activité et aux orientations de chaque type de producteur : familiaux capitalisés, entrepreneurs et agriculteurs. Des politiques et des instruments qui conduiront à formuler des stratégies, à adopter des technologies, à utiliser des intrants et qui se transformeront en pratiques agricoles durables.

Les politiques technologiques

La mise en œuvre d'un cadre économique et juridique approprié est essentielle pour encourager le développement de technologies qui soient adaptées aux conditions locales, qui soient non polluantes et accessibles à la dotation de facteurs des producteurs familiaux. De même, les politiques devraient être pensées en interaction avec les producteurs pendant toutes les étapes du processus (de la conception jusqu'à l'évaluation) et sous tous leurs aspects (techniques, économiques et environnementaux). Plus encore que pour les techniques traditionnelles basées sur les intrants, l'adoption de ces technologies exige un système de communication adapté aux caractéristiques, valeurs et habitudes des agriculteurs et du système agroécologique.

Les Politiques fiscales et de crédit

Compte tenu de la baisse évidente de la productivité et donc des revenus pendant la phase de transition, des politiques pour alléger la charge fiscale sont nécessaires pendant cette période. Par exemple, la réduction des impôts et des taxes des producteurs agroécologiques au niveau municipal et provincial serait une forme de compensation. On récompenserait ainsi la participation des producteurs à l'économie locale et à la protection de l'environnement, en évitant ainsi la pollution et en favorisant les processus, les cycles et les services environnementaux.

L'incorporation des animaux et des arbres, l'acquisition de la technologie, le réaménagement lors de la phase de transition exigent des sources de financement. Si ce soutien ne vient pas de l'épargne privée, il exige la recherche de capitaux extérieurs. Aujourd'hui, ceci joue un effet retardateur sur l'expansion de la proposition agroécologique. Les prêts et les subventions devraient être spécifiques et accompagnées d'un suivi continu afin de permettre la mise en place de systèmes durables.

Les Politiques alimentaires

La production agroécologique doit être incorporée dans les propositions globales des politiques alimentaires, en particulier celles liées à la souveraineté alimentaire. Elles doivent prendre en compte les droits que possèdent les communautés à décider de ce qu'elles cultivent, et les modes de traitement pour produire des aliments en quantité suffisante et avec une haute qualité intrinsèque. Les politiques devraient également se concentrer sur les différents niveaux de juridiction (provincial, national et municipal) pour pouvoir inclure l'acquisition d'aliments agroécologiques destinés à la consommation dans les services publics : les écoles, les cantines et les hôpitaux.

La politique foncière

La production agroécologique exige une planification adéquate dans le temps et l'espace, ainsi que l'incorporation d'éléments et l'intégration des activités. Les nombreuses interrelations entre les éléments du système naissent et se manifestent seulement après des années. Ceci exige un lien juridique stable avec la terre, qui permette l'inclusion d'éléments différents dans le système, de façon ordonnée et sûre. Cela exige aussi de pouvoir profiter de ces bénéfices. Ne pas avoir de titre de propriété a également une influence sur l'accès au crédit, sur l'achat de machines pour le travail du sol ou d'achat de véhicules pour la commercialisation.

Conclusion

L'expansion des monocultures, avec les politiques qui les ont soutenues, a déterminé la reproduction de systèmes non-durables et inefficaces d'un point de vue énergétique. Ces systèmes exigent l'application d'un « paquet » technologique basé sur des pesticides, des engrais et du carburant utilisés pour soutenir ou augmenter la productivité. L'application de produits agrochimiques augmente les coûts de production, provoque un fort impact environnemental, avec notamment la contamination des sols, de l'eau ainsi que le développement de maladies auprès des travailleurs ou des populations environnantes.

L'agroécologie, comme mode de production et plus largement comme mode de vie et de travail, a une longue et riche histoire. En tant que produit des savoirs paysans et indigènes, des courants de pensée européens et asiatiques impulsés par les ONG, les universités et les groupes de producteurs, elle est devenue une alternative de développement endogène. Le défi est de planifier un développement local et régional qui réponde réellement aux besoins alimentaires, économiques et sociaux. Un développement dans lequel les différents acteurs peuvent participer de façon complémentaire, chacun à sa place et en fonction de ses ressources, de ses capacités et de ses connaissances. Pour cela, il faudra examiner attentivement la réalité, reconnaître les demandes et agir en conséquence afin de parvenir à des moyens adéquats et durables. Ce défi nécessite aussi de reconnaître les actions et contributions des acteurs individuels et collectifs, des gouvernements locaux et régionaux, sous leurs aspects sociaux et économiques.

L'agroécologie apparaît comme une proposition appropriée pour recréer des agro-écosystèmes durables pouvant répondre aux contraintes environnementales et aux changements du marché. C'est une alternative fondée sur la diversité biologique et culturelle, sur la nutrition des sols et l'utilisation de technologies appropriées. Ses apports, en se combinant, permettent d'obtenir un rendement stable et durable tout en préservant l'environnement. Les pratiques agroécologiques permettent d'améliorer l'absorption de l'énergie solaire, elles empêchent la perte de nutriments, réduisent l'effet des températures extrêmes, améliorent l'absorption, la collecte et le stockage de l'eau. Une bonne nutrition des sols et le développement de la biodiversité devraient être considérés comme des stratégies à long terme, disposant d'outils appropriés pour chaque cycle de récolte. Dans les exploitations, la planification de la diversité dans le temps et dans l'espace permettra d'optimiser convenablement les flux et les cycles naturels ainsi que d'améliorer les pratiques.

Cette alternative a été adoptée par un grand nombre de producteurs argentins. Beaucoup sont en phase de transition, d'où la difficulté de les quantifier. Les producteurs, au début du processus et jusqu'à l'établissement des systèmes agroécologiques, sont confrontés à différents obstacles. Certains de ces obstacles, comme le réaménagement de l'exploitation et l'inclusion de sous-systèmes animaux et végétaux, nécessitent des capitaux financiers. D'autres, tels que la réinvention de technologies spécifiques ou le développement de systèmes participatifs de certification, exigent des processus et des articulations plus importants. Dans ces derniers cas, la participation et l'organisation des producteurs nécessitent la mise en œuvre de politiques spécifiques.

Le développement de marchés alternatifs permettra non seulement une transition plus courte, mais incitera l'entrée de nouveaux acteurs dans la production agroécologique. Les expériences analysées dans ce domaine permettent de penser que le développement des marchés locaux, avec ou sans certification participative, favorise l'obtention d'un revenu adéquat pour les producteurs, ainsi que l'obtention d'aliments sains et de haute qualité pour les consommateurs.

Enfin, nous avons besoin de politiques générales et agricoles adéquates, afin d'encourager l'adoption de cette proposition. Le processus de transition et la consolidation de la proposition exigent la discussion et la mise en œuvre d'une série de politiques aux différents niveaux juridictionnels. Il ne s'agit pas de propositions ou d'actions isolées, tels l'octroi de prêts ou de subventions, mais d'un consensus pour adresser une proposition globale impliquant la participation des diverses institutions publiques, des organisations de producteurs et consommateurs, ainsi que des organisations de la société civile.

Références bibliographiques

Altieri, M.A, 1983, *Bases científicas para una agricultura alternativa.* Editorial Centro de Estudios sobre agricultura Alternativa, Santiago, Chile.

Bianconi, A. 2006. La adopción del sistema de producción hortícola sin agrotóxicos. Estudio de casos en la zona sur del área hortícola Bonaerense. Informe final de pasantía. FAUBA

Bocchiglieri, D. 2011. *Comparación entre teoría y práctica en el manejo de suelos en la agricultura orgánica.* Tesis de Grado. Cátedra de Extensión y Sociología Rurales - INDES.Bs. As.

Boletín del CENECOS N° 2. Julio-agosto de 1985. Bs. As. Argentina

Boletín Raíces Campesinas. N° 2.2009. Bs. As. Argentina

Chifareli, D. 2003. *La reconversión de un grupo de productores del Parque Pereyra Iraola, desde la agricultura convencional hacia la agricultura sin agrotóxicos.* Thèse. Cátedra de Extensión y Sociología Rurales. FAUBA.

Fukuoka M., 2000. Revolución de un rastrojo. Publicación GEA. Granja sierra Vista. Maldonado, Uruguay.

Guazelli M., 1998. Servicios del agroecosistema; una experiencia en la sierra gaucha en Agricultura sostenible. Lima, Perou, Ed. LEISA.

IFOAM.1990. Normas básicas para la producción ecológica. Budapest. Hungría.

Maidana, J. y otros. 2005. Eco horticultura en el Parque Pereyra. La Plata – Berazategui. Bs. As. Argentina. Revista LEISA. Vol.20 Nª4.

Mollison B., 1999, *Introducción a la Permacultura,* Tagari Publicación, Mexico.

Sevilla Guzmán, 2000. *Introducción a la agroecología como desarrollo rural sustentable.* Ediciones Mundi prensa. Madrid, España

Souza Casadinho, Javier 1995. *Un análisis de la producción agroecológica Bonaerense.* Cátedra de Extensión y Sociología Rurales –Plan Social agropecuario-INDES. .Bs. As

Souza Casadinho, J. 2002. *La difusión de la propuesta agroecológica entre productores de la región Oeste del cinturón hortícola de Bs. As.* XI jornadas Nacionales de Extensión Rural. AADER. La Plata. Septiembre de 2002

Souza Casadinho, J. et al., Boletín de Agroecología Nª 2. 1993. CETAAR- Cátedra de Extensión y Sociología Rurales FAUBA

Souza Casadinho, J. y otros. 2009. *Estudio de la producción orgánica en el área Hortícola Bonaerense. En Cinturón Hortícola de la Ciudad de Bs. As., Cambios Sociales y productivos.* Ciccus. Bs. As. Argentina

Revista Hoja A hoja del MAELA: Nª 4. 1993. Asunción Paraguay

Revista Hoja A hoja del MAELA: Nª 6. Agosto de 1994. Asunción, Paraguay

Steiner R., 1988. Curso sobre agricultura Biológico Dinámica. Editorial Rudolf Steiner. Madrid España.

CHAPITRE II

L'agroécologie en France : l'institutionnalisation d'utopies

Stéphane Bellon
et Guillaume Ollivier

Introduction

L'agroécologie est restée relativement confidentielle en France jusqu'à la fin des années 2000. Ce constat est d'autant plus surprenant qu'un ouvrage séminal d'Altieri (1986), principal auteur du courant américain, a été publié en France. Cet ouvrage présentait les bases scientifiques de l'agroécologie et en montrait la portée pour des agricultures alternatives, attestant ainsi de son double ancrage dans la science et dans l'agriculture. Par la suite, des mouvements sociaux se sont approprié le terme, en particulier à l'occasion d'un colloque international organisé en 2008 à Albi (France). La polysémie et l'explosion de l'usage du terme agroécologie sont avérées, tant dans l'espace public (Wezel *et al.*, 2009) que dans le milieu scientifique (Ollivier et Bellon, 2010 ; Wezel et Soldat, 2009).

En considérant que nous sommes dans une période-clef d'institutionnalisation de l'agroécologie, nous proposons de retracer les jalons de son développement et de préciser les interprétations auxquelles elle donne lieu. L'ambition est de contribuer à clarifier le sens et la portée de l'agroécologie pour différents acteurs de l'agriculture.

Après une brève présentation de notre approche, basée principalement sur une cartographie webométrique, des corpus textuels et des observations, nous proposons de caractériser la trajectoire de l'agroécologie en France qui est à la confluence de deux dynamiques principales des mouvements sociaux[13] et des institutions de recherche.

Démarche d'étude et cartographie générale des usages de l'agroécologie en France

Les agricultures alternatives ont de nombreuses formulations (durable, paysanne, biologique…). Depuis quelques années, une nouvelle dénomination a émergé fortement : l'agroécologie. Ce terme est fortement polysémique du fait de multiples usages et usagers, ainsi que de ses déclinaisons.

Pour étudier cette sémantique émergente, nous prenons au sérieux l'investissement des différents usagers dans la construction et l'existence d'une telle formule alors même que d'autres formules préexistent. La polysémie de cet oxymore vient du travail de démarcation, ou de convergence, qu'opèrent ses différents usagers. L'agroécologie n'est pas une donnée mais une construction multiple. Nous ne portons pas de jugement normatif sur ce qu'elle devrait être ou pas, nous analysons l'usage de ce terme comme une formule telle que défini par Krieg-Planque (2009). Ces formules, "mots-phares", "mots-étendards", ou autres syntagmes en cours de figement ou de "sloganisation", fonctionnent comme un référent social. Cependant, ce référent n'en est pas moins polémique car il relève d'enjeux de définitions sociopolitiques portés par des acteurs distincts. Il révèle aussi la segmentation de différents mondes sociaux, passant par des clivages éthiques sous-jacents à l'activité scientifique et à la consolidation de communautés épistémiques. Ainsi, nous nous sommes attachés à la manière dont le terme agroécologie est mobilisé par différents acteurs, dans des mouvements sociaux, dans le milieu professionnel agricole et dans des instances de recherche (programmation et projets).

Au plan méthodologique, nous traçons les différents modes d'existence et de construction sociale de la formule, et de ses déclinaisons (graphies et flexions), dans l'espace social français en

[13] Sans entrer dans les développements théoriques des sociologies des mouvements sociaux (Neveu, 1996), un mouvement social est une « action collective réunissant des acteurs autour de revendications visant à promouvoir un changement social selon des modalités plus ou moins protestataires »

mobilisant plusieurs ressources. L'outil Navicrawler (Jacomy *et al.*, 2007) permet de tracer la carte des liens entre sites web des acteurs mobilisant le terme d'agroécologie (Figure 1). Les études empiriques du web montre une corrélation entre la position structurale dans le réseau des liens hypertextes et les positions vis-à-vis du thème traité (Chakrabarti *et al.*, 2002 ; Kleinberg, 1999). La navigation permet aussi de constituer un corpus textuel à partir des sites les plus centraux. Ce corpus, complété par la presse nationale et régionale et les livres des acteurs (Figure 2), a été analysé avec le logiciel Prospéro (Chateauraynaud, 2003). Le recueil et l'analyse de différents corpus ont été orientés par nos points de vue disciplinaires respectifs (agronomie et sociologie) et différentes observations lors d'évènements relatifs à l'agro-écologie.

Cette méthodologie permet à la fois de mettre en exergue les relations qu'entretiennent les acteurs entre eux, du moins telles qu'elles transparaissent au travers des liens hypertextes, et les contenus discursifs qu'ils développent autour du terme agroécologie. Ainsi, la signification du terme provient à la fois de son contenu discursif et de son encastrement social.

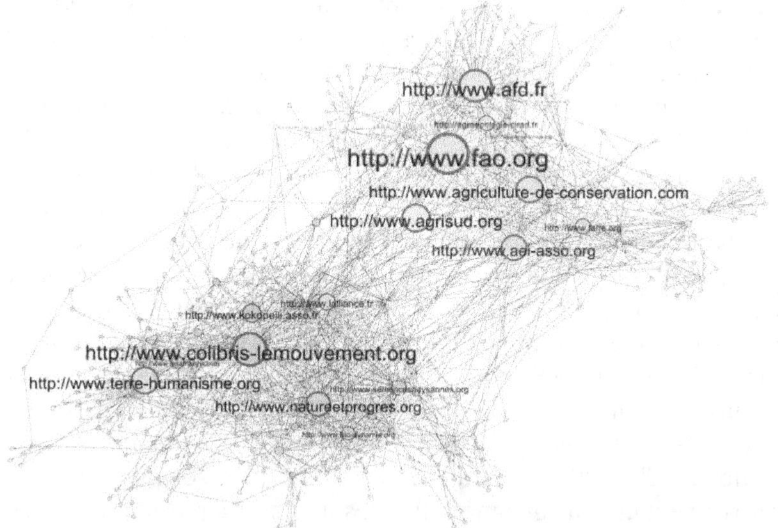

Figure 1 : Cartographie des relations entre sites traitant d'agroécologie en février 2011 (taille des nœuds et label : centralité d'intermédiarité)

La Figure 1 représente le réseau des sites de différents acteurs français se référant à l'agroécologie et leurs voisins immédiats pouvant ne pas être français et/ou mobiliser ce terme. La taille des nœuds rend compte de leur centralité d'intermédiarité reflétant leur influence dans le réseau. La visualisation (Force Atlas) met en évidence une structure primaire polarisée entre deux sous-ensembles. L'analyse des slogans de ces sites met en évidence une superposition de la position structurale avec des positions discursives tranchées.

Le pôle du cadran nord-est est composé de sites d'institutions de niveau élevé (FAO, AFD et CIRAD). Ce pôle est associé à des sites d'instituts de recherche, d'enseignements agricole et d'acteurs économiques (agrofourniture, banques), tous historiquement inscrits dans le dispositif de modernisation agricole. On y trouve également des sites d'associations promouvant l'agriculture de conservation, dont celui de Base (Bretagne Agriculture Sol Environnement), ou de l'AEI (Association Internationale pour l'Agriculture Ecologiquement Intensive). Leurs slogans développent des visions neutres ou optimistes de l'agriculture. Dans le pôle opposé (cadran sud-ouest), les sites correspondent surtout au monde associatif entourant entre autres les sites Terre & Humanisme, Le mouvement Les Colibris, abordés dans la suite du texte au sein des mouvements sociaux. Les slogans développés y sont plus critiques vis-à-vis de l'agriculture, avec une inspiration radicale, humaniste et/ou agrobiologique. D'autres sites sont intermédiaires dans la mesure où ils partagent des liens avec les pôles institutionnels et du mouvement social précédents : Fondation Nicolas Hulot, AgriSud International par exemple.

Le suivi de quelques acteurs significatifs au sein de la presse nationale et régionale met en évidence une émergence rapide, mais contrastée, de la formule (Figure 2), même si elle ne représente pas un volume très important d'articles. Ainsi, Pierre Rabhi est l'acteur le plus cité dans la presse dès le début de la période en particulier autour de 2005, date de sortie d'un livre co-écrit avec N. Hulot (Hulot *et al.*, 2005). Les autres acteurs ciblés sont présents plus tardivement et dans une moindre mesure dans la presse. Le CIRAD renforce sa présence à partir de 2007 ; il est dépassé par l'INRA à partir de 2010.

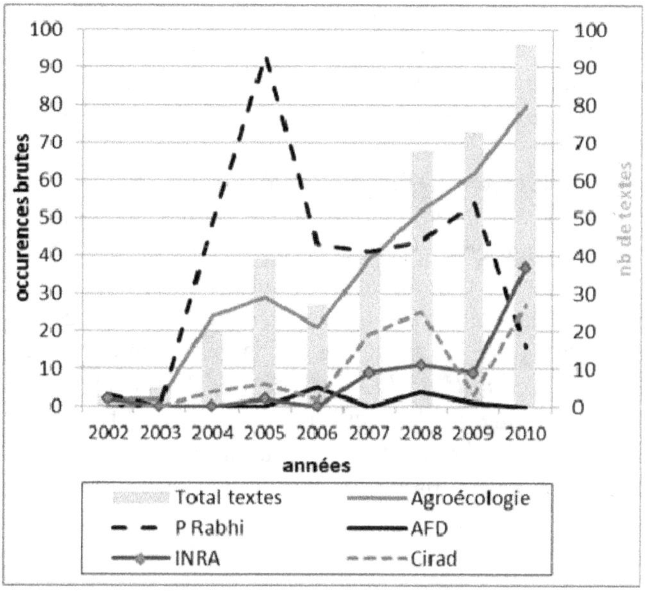

Figure 2 : Dynamiques de l'agroécologie et de ses acteurs dans la presse française (source : Factiva, février 2011)

Cette description préalable sert de cadre général pour la suite de notre analyse qui détaille la dynamique des acteurs et leur usage de l'agroécologie.

L'agroécologie comme mouvement social

En France, l'agroécologie s'est d'abord développée dans des mouvements sociaux à partir d'une multitude d'initiatives dont les trajectoires se sont progressivement croisées.

La figure tutélaire de Pierre Rahbi

Expériences de ruptures et de passages de frontières

P. Rabhi apparaît comme une figure centrale du mouvement social français de l'agroécologie, fruit de multiples associations au sens institutionnel et relationnel. Son cheminementpermet d'éclairer une vision de l'agroécologie comme "éthique de la vie"; vision largement médiatisée par des conférences, des formations, des publications et des engagements politiques : "*L'agroécologie est pour nous bien plus qu'une simple alternative agronomique. Elle est liée à une dimension profonde du respect de la vie et replace l'être humain dans sa responsabilité à l'égard du Vivant*"[14].

Né en Algérie en 1938, P. Rabhi rejoint Paris où il devient ouvrier spécialisé. En 1960, il quitte Paris pour un retour à la terre comme ouvrier agricole où il découvre que la logique productiviste de l'usine se trouve également à la campagne (Hulot *et al.*, 2005). Installé dans les Cévennes en 1962, dans une situation initiale difficile, il découvre les principes de la biodynamie au travers de l'ouvrage "la *Fécondité de la terre*" de Pfeiffer (1949). Après avoir éprouvé sa pratique de l'agriculture en milieu difficile, P. Rabhi décide en 1978 de transmettre son savoir en devenant chargé de formation à l'agroécologie au sein du *Centre d'études et de Formation Rurales Appliquées.*

La transmission et le développement des techniques agricoles au Sud et au Nord

P. Rahbi donne ensuite une dimension collective et internationale à ses activités associant sensibilisation, formation et actions de développement. Un travail d'agrégation d'expériences a été mené dès le début des années 90, sous forme de revue, de fiches techniques ou de documentaires (GEYSER et CIEPAD, 1995 ; Rabhi *et al.*, 1994)[15] mais aussi de capital relationnel. Ainsi, il contribue à la création d'un centre de formation à l'agroécologie (1985-88), puis de *l'Association pour le Développement des Techniques Agro-Ecologiques* (1990) au Burkina Faso et du CIEPAD en France[16] (1988-97) et de diverses actions de

---

[14] http://www.terre-humanisme.org/article52.html.

[15] GEYSER, Groupe d'Etudes et de Services pour l'Economie des Ressources, a par ailleurs fait la recension de la traduction française de l'ouvrage séminal de M. Altieri (Geyser, 1994).

[16] Le Carrefour international d'échanges de pratiques appliquées au développement, basé à Viols-le-Fort (Hérault), est fondé par P. Rabhi, P. Burger et R. Morez, auteur des « Cahiers de l'Agro-Ecologie » dont le premier n° (La Biosphère) est paru en 1997. Le CIEPAD est un « *lieu de pratiques, d'expérimentations, de formation, de rencontre entre le Nord et le Sud,*

développement[17], comme le "*Carrefour International des Pratiques Agroécologiques*" basé au Maroc depuis 2001.

Dans ces différents contextes, P. Rabhi cherche à créer un système productif diversifié malgré les ressources réduites (eau, surface…) permettant de faire vivre une communauté locale : "*L'agroécologie suit des règles et des techniques de gestion des ressources naturelles. (...) Elle s'appuie sur des ressources accessibles à faible coût, et vise l'autonomie par la réduction des dépendances externes, en débouchant sur un développement et des modes de vie durables*" (CARI, 2008).

P. Rabhi contribue en France à la constitution d'une offre de formation en agroécologie. De nombreux formateurs agroécologues sont ainsi issus du Centre d'agrobiologie de Beaujeu, fondé en 1983, qui a "*permis à de multiples disciplines scientifiques, techniques, sociales ainsi qu'à de simples expériences humaines de trouver un lieu de convergence*" (Collectif et Rahbi, 2006). P. Rabhi y rencontra les Bourguignon[18], autres figures de l'agriculture alternative, qui y tenaient "*la première Chaire Française de Pédologie et de Microbiologie du sol*".

L'association Kokopelli (fig. 1 cadran sud-ouest), dont P. Rabhi est vice-président, promeut la défense des semences paysannes en se préoccupant également des pratiques agroécologiques (Guillet, 2010). Elle dirige un centre de formation à l'agroécologie tropicale en Inde et au Mali et organise en France des séminaires d'agroécologie.

Des éco-lieux voient plus tard le jour en particulier dans le sud de la France : le Mas de Beaulieu (Ardèche), lieu d'expérimentation, de formation, et de production en agroécologie, et les Amanins (Drôme), "*prototype qui s'engage dans la transmission*" auprès d'un large public né en 2003.

Ces différentes actions permettent à P. Rabhi d'être accrédité par l'ONU en tant qu'expert international dans le cadre de la Convention de Lutte contre la Désertification. Ce rôle est

---

d'échanges de débats d'idées » autour d'une transformation du modèle de production (Valette, 2003).

[17] Maroc, Niger, Mali, Palestine, Algérie, Tunisie, Sénégal, Togo, Bénin, Mauritanie, Pologne, Ukraine…

[18] À noter que ces derniers citent l'ouvrage séminal de M. Altieri de 1986 (Bourguignon et Bourguignon, 2008)

aujourd'hui porté par le CARI (Centre d'Actions et de Réalisation Internationales), héritier moral du défunt CIEPAD. La reconnaissance institutionnelle du CARI, devenu le point focal français de la Convention contre la désertification, explique sa position intermédiaire dans le réseau des sites (liens avec l'AFD, le FFEM, la FAO). De même, la parution du rapport Agrisud (2010) renforce la légitimation de l'agroécologie de P. Rabhi. Ce document est doublement préfacé par P. Rabhi et O. de Schutter. Ce dernier y souligne que l'agroécologie est une manière de répondre aux défis de ce siècle et une source d'émancipation des paysans. Son rapport, basé sur une large consultation de parties prenantes, déclarant que "*pour la sécurité alimentaire l'agroécologie surpasse les performances de l'agriculture industrielle de masse*" (de Schutter, 2010) a été largement relayée au-delà des seuls milieux alternatifs. Il est susceptible de devenir un nouveau document de référence sur l'agroécologie et le droit à l'alimentation.

Une philosophie écologiste et humaniste pour un mouvement social et politique

P. Rabhi diffuse sa pensée au-delà de l'ancrage dans un tissu d'associations du sud de la France, souvent tournées vers les zones arides africaines. Il écrit plusieurs livres autobiographiques puis collectifs, poétiques ou philosophiques (Hulot *et al.*, 2005 ; Rabhi, 1983, 1989, 1995a, b, 1996, 1997, 2001, 2006a, b, 2008, 2010 ; Rabhi *et al.*, 2006 ; Rabhi *et al.*, 1994). Il ouvre des revues, des blogs et un réseau social (http://colibris.ning.com/) agrégeant les expériences d'individus et de projets alternatifs. Au fil du temps, il parvient à embarquer dans son sillon de nombreuses personnes bien au-delà des seules techniques agricoles (Figure 1, cadran sud-ouest). L'association "les amis de Pierre Rabhi" initiée en 1994 crée le mouvement les "Oasis en tous lieux" qui se dote d'un Manifeste (Rabhi, 1997) et est rebaptisée en 1999 "*Terre & Humanisme - Pratiques Ecologiques et Solidarité Internationale*" avec un journal "Les Nouvelles de Terre et Humanisme - *trimestriel d'information et de sensibilisation autour de l'agroécologie*". L'association œuvre pour la définition des contours et des objectifs politiques de l'agroécologie et la transmission des techniques.

En 2002, P. Rabhi est candidat à la candidature aux Présidentielles, appuyé par le *Mouvement d'Appel pour une Insurrection des Consciences*, composé de 96 comités de soutien départementaux appelés les "Colibris". Il se présente comme agro-écologiste, même si cette notion n'est pas spécifiquement développée dans sa Déclaration de candidature. En 2008, P. Rabhi lance "*Colibris - Mouvement pour la Terre et l'Humanisme*"[19] en compagnie de N. Hulot et de C. Serreau[20]. Il s'organise autour de 3 valeurs pour "*l'insurrection des consciences*" : "*autonomie, écologie et humanisme*" développées dans sa Charte signée par 16464 personnes en mars 2011. La charte se conclut par : "*L'agroécologie que nous préconisons comme éthique de vie et technique agricole permet aux populations de regagner leur autonomie, sécurité et salubrité alimentaires tout en régénérant et préservant leurs patrimoines nourriciers.*" (Colibris Mouvement pour la Terre et l'Humanisme, 2008).

Faisant suite à leur livre (Hulot *et al.*, 2005), les mouvements de P. Rabhi et de N. Hulot convergent, tout en ayant des divergences assumées, en particulier autour de la notion de sobriété heureuse (Bourg et Papaux, 2010 ; Rabhi, 2010). Ce rapprochement marquerait la volonté de P. Rabhi de sortir de la marginalité pour s'imposer dans le "mainstream" comme l'indique la création en 2010 de la *Fondation Pierre Rabhi* qui "*œuvre principalement au déploiement de l'agroécologie à travers le monde. Elle a pour vocation de soutenir l'innovation, le développement et l'essaimage de modèles à taille humaine fondés sur l'agroécologie afin de nourrir sainement les humains, préserver et régénérer le milieu naturel, et contribuer à réconcilier l'histoire de l'humanité avec les impératifs de la nature*".

---

19 http://www.colibris-lemouvement.org/

20 Son documentaire « Solutions locales pour un désordre global », co-financé par les Colibris, met en exergue des personnalités critiquant la modernisation agricole (V. Shiva, les Bourguignon, P Desbrosses, D Guillet, S Latouche...) qui entretiennent par ailleurs des relations d'interconnaissance avec des membres du mouvement social de l'agroécologie.

Émergence d'autres composantes au sein du mouvement social

Le "colloque d'Albi" (2008) : un moment fort de la fédération d'un autre courant ?

Le colloque International d'Agroécologie "Nourriture, Autonomie, Paysannerie" (figure 1, milieu du cadran sud-ouest) organisé en 2008 constitue un moment clef dans la formation d'un mouvement social autour de l'agroécologie par la nature des organisateurs (en particulier Nature & Progrès, les Amis de la Terre, la Confédération Paysanne et l'Institut de Sociologie et d'Etudes Paysannes (ISEC) [21]) et l'absence du mouvement de P. Rabhi en tant que tel. L'ISEC marque son empreinte en sollicitant les chercheurs issus de son réseau sud-américain. La composition du conseil scientifique du colloque et de ses participants internationaux constitue un lien explicite avec les puissants mouvements sociaux et les approches scientifiques du monde ibérico-américain.

Ce colloque, réunissant près de 300 personnes, s'est accompagné de prises de positions publiques des acteurs présents. La revue "Nature & Progrès", figure historique de l'agriculture biologique (voir infra plus précisément), titre le numéro concomitant au colloque "*L'agroécologie, un mouvement social ?*" (van den Akker, 2008). De même, un "Petit précis d'agro-écologie" a été publié à cette occasion (Perez-Vitoria et Sevilla Guzman, 2008), en s'appuyant sur un numéro antérieur de la revue l'Ecologiste (2004).

L'agroécologie et l'Ecologie Politique

La revue l'Ecologiste rend compte en 2009 du succès du colloque d'Albi (Pérez-Vitoria, 2009). Auparavant, en 2002 puis en 2004, cette revue avait consacré des dossiers spéciaux intitulés "*Comment nourrir l'Humanité ?*" (Vernet, 2002) puis "*Agro-écologie. La Résistance des paysans*" (Pérez-Vitoria et Sevilla Guzman, 2004).

Le premier contient en particulier deux articles de P. Rosset (2002a, b) membre de *Via Campesina et* par ailleurs co-auteur de M.

---

[21] L'ISEC, créé en 1978 au sein de l'Université de Cordoue (Espagne) propose un master et un doctorat en agroécologie. http://redisec.ourproject.org/

Altieri. Le second comprenait des traductions de "*grandes signatures internationales sur un sujet essentiel encore très peu connu dans le monde francophone*". L'absence de P. Rabhi est notable même s'il avait contribué en 2001 à un numéro de la revue consacré au développement (Rabhi, 2001). Plus généralement, on retrouve dans cette revue d'autres figures alternatives parfois proches de Rabhi.

Dans la même veine la revue Politis, éditait en 2008 un dossier spécial sur ce thème (Politis, 2008). En 2011, lors de leurs universités d'été, Europe Ecologie-Les Verts et le Parti Socialiste ont mis à l'agenda des Présidentielles 2012 le thème de la transition agroécologique.

L'agroécologie et les agricultures alternatives

De nombreux auteurs ont situé l'agroécologie par rapport à certaines formes d'agriculture (dominantes ou alternatives). Symétriquement, des acteurs agricoles[22] (et agroalimentaires[23]) se positionnent sur l'agroécologie. Ses relations avec deux formes d'agriculture sont abordées dans cette section : agricultures paysanne et biologique.

Agroécologie et agriculture paysanne

Dans cette relation, les positions varient selon les acteurs. P. Rabhi a été plutôt critique, faisant des paysans les victimes d'un système qui les dépasse (Hulot *et al.*, 2005). Il plaide pour une mise à jour de l'agriculture paysanne avec d'autres moyens techniques appropriés. Il faut s'appuyer sur les savoir-faire locaux, en les modernisant, dans le cadre d'une agriculture plus scientifique qui soit économiquement rentable, en tenant compte de tous les paramètres, socialement acceptables et supportables écologiquement, avec des techniques adaptées donc variées. L'agroécologie se définit comme une méthode moderne qui intègre de multiples

---

[22] André Pochon (fondateur du CEDAPA), s'est récemment positionné sur l'agroécologie après avoir longtemps défendu l'agriculture durable. Voir à ce sujet (Drozerah, 2010) : « André Pochon : pour une agroécologie, sortir du productivisme ! ».

[23] A titre d'illustration, McDonald's France a publié un dossier intitulé « Une véritable stratégie agroécologique » (source : L'EcoJournal®, 2010)

paramètres afin de récolter les intérêts et de préserver le capital pour les générations futures : c'est une "*gestion*" et non une "*exploitation*" !" (Morez, 2002).

La Confédération Paysanne, syndicat affilié à *Via Campesina*, se réfère à l'agroécologie en 2009 lors de ses Etats Généraux où l'agroécologie est présentée comme une alternative aux OGM. La revue syndicale y consacre un dossier spécial "*L'agro-écologie, fertilisant naturel de l'agriculture paysanne*" préalable à l'ouverture d'un nouveau chantier syndical (Confédération Paysanne, 2010).

Schématiquement, le terme "paysan" est invoqué de trois façons : (i) dans sa disparition programmée (au profit d'exploitants, migration vers les villes…), (ii) comme vecteur de savoirs (co-évoluant avec l'environnement, garant de biodiversité…), (iii) comme cible pour l'agroécologie, qui affranchit les plus démunis d'intrants coûteux et les autonomise, et préserve l'environnement.

Agroécologie, une solution pour sauver l'agriculture biologique (AB) ?

Les liens entre agroécologie et l'agriculture biologique (AB) sont multiples, et parfois paradoxaux (Bellon *et al.*, 2011). Ils peuvent être éclairés par les positions de Rabhi et par la revue Nature & Progrès.

La trajectoire de P. Rabhi montre de fortes proximités entre sa vision de l'agroécologie et de l'AB, même s'il ne s'inscrit pas dans le mouvement bio. Le choix d'employer le terme d'"agroécologie" au lieu d'"agrobiologie" illustre la volonté de replacer une technique agricole biologique dans une vision globale, celle de l'écologie (Peltre, 2006). Au cours du colloque 2011 de l'association TerrEthique[24], la question des différences entre AB et agroécologie a été posée directement à P Rabhi. Sa réponse a été: " *Quand j'étais en France, je faisais de l'agrobiologie ; je m'occupais uniquement de mon sol ! (...) Il fallait aussi faire quelque chose pour l'environnement dégradé ; et pas seulement sur son petit coin de terre. (...) C'est la prise en compte de tout le système*". Pour autant, la biodynamie reste pour P. Rabhi une source d'inspiration tandis que certains de ses alliés historiques ont été fortement impliqués au

---

[24] Colloque "Changer notre regard sur le monde… pour mieux nous en nourrir", http://www.terrethique.org/terrethique-rencontres_colloques.php

sein du mouvement Bio. Cette distanciation apparente vis-à-vis de l'AB porte sur les techniques promues[25], les systèmes de valeurs, principes d'action et modes de certification. On peut aussi y voir une stratégie dans l'usage du terme agroécologie. La trajectoire de P Rabhi montre aussi une volonté d'identification de son mouvement dans les années 90 alors qu'après de nombreuses tensions internes l'AB est en pleine institutionnalisation (Piriou, 2002).

Des acteurs classiques de l'AB s'intéressent à l'agroécologie. Nature & Progrès, acteur radical du mouvement (Piriou, 2002), consacre en 2002 la première de couverture de sa revue et un portrait à P. Rabhi (N&P, 2002). La revue se redéfinit à partir de 2010 comme un "*outil précieux d'information sur le monde de l'agroécologie*", laquelle se substitue au terme "*agrobiologie*". Ce glissement lexical est un effet du colloque d'Albi et du n° spécial paru à cette occasion (van den Akker, 2008) qui contient ainsi un article intitulé "*Sauver l'AB. Sortir d'un modèle de production et de distribution spécialisé de type industriel*" (Altieri et Nicholls, 2008). Cette traduction d'un article de la revue de l'Ifoam[26] (Altieri et Nicholls, 2003) critique certaines dérives de l'AB, particulièrement en Californie où émerge un débat sur la "conventionalisation" de l'AB, laquelle reproduirait certains schémas de l'agriculture conventionnelle.

Parallèlement, M. Calame, ancien président de l'Itab publie un plaidoyer pour une "*agronomie biologique ou agroécologie* "définie comme "*l'ensemble des réflexions, analyses et connaissances qui fondent les principes de l'agriculture biologique. C'est, en quelque sorte, la science de l'agriculture biologique*" (Calame, 2007). Enfin, la Fédération Nationale de l'AB affirme : "*une agriculture de qualité, basée sur des principes et pratiques agro-écologiques, est d'ores et déjà en capacité de nourrir la planète au Nord comme au Sud.*"

Ainsi, l'agroécologie influence plusieurs formes d'agriculture, comme l'ont fait auparavant l'agriculture alternative puis l'agriculture durable (Ollivier et Bellon, 2011). Elle se construit en fédérant trois dimensions :

---

[25] Voir Passerelle Eco n°9, 2009. Restaurer la terre. L'agroécologie expliquée en 10 points par Pierre Rabhi mercredi, 23 novembre 2005 http://www.passerelleco.info/article.php?id_article=484

[26] Fédération Internationale des Mouvements d'Agriculture Organique.

- praxis, s'appuyant sur de multiples initiatives d'application ou de démonstration, de formation, mais aussi de publication et de communication,
- éthique, avec une attention à la terre nourricière comme fondement de la perpétuation de l'humanité et de la vie.
- et projet sociopolitique, basé sur une analyse des limites des modèles développement dominants tout en réfléchissant aux transitions entre eux. Cette visée de changement confère à cette nébuleuse (figure 1, cadran sud ouest) son statut de mouvement social.

Ce mouvement grandit progressivement en France par un travail d'importation des idées et des expériences au niveau international, particulièrement en provenance du continent africain et surtout américain. Le Sud devient alors l'aiguillon (ré)interrogeant la modernité agricole du Nord en particulier en insistant sur le lien entre agriculture et souveraineté alimentaire, lien très présent chez les agroécologues américains (Altieri, 2009 ; Rosset *et al.*, 2011), dans le rapport AgriSud (2010) et celui sur le droit à l'alimentation de l'ONU (de Schutter, 2010).

Alors que les mouvements ibérico-américains insistent fortement sur la légitimité scientifique (Altieri, 2002 ; Gliessman, 1990), le mouvement français fait peu référence à la recherche française au sein de laquelle émerge néanmoins l'agroécologie de manière relativement autonome.

Institutionnalisation de l'agroécologie dans le champ scientifique

L'agroécologie est également mobilisée dans le pôle institutionnel (Fig. 1, cadran nord-est) en particulier en recherche et formation agronomiques. Nous retraçons ici la trajectoire allant des pionniers à sa prise en compte officielle dans diverses institutions.

Les signaux faibles de l'agroécologie scientifique à la française

Contrairement à certains discours mettant en avant la novation constituée par l'agroécologie (Arnoux, 2010), elle a un historique long qui a déjà fait l'objet de recensions (Gliessman, 2007 ; Wezel et Soldat, 2009).

Si les racines disciplinaires dominantes de l'agroécologie se trouvent dans l'agronomie et dans l'écologie, ces deux disciplines ont eu des dynamiques relativement séparées jusqu'à la fin du XXe siècle (Deléage, 2001). Cependant, des convergences apparaissent en Europe associées à des qualifications de l'écologie : agricole (Azzi, 1956), agraire (Tischler, 1965), *appliquée à la production végétale* (Hénin, 1967). Du côté français, les tentatives d'articulation avec l'écologie sont fragmentaires. Le manuel "*Eléments d'écologie et d'agronomie*" (Duthil, 1971) en est un bon exemple : bien qu'affichant l'écologie dans son titre, il se révèle centré sur les connaissances agronomiques avec peu de références à l'écologie. Soltner (1979), auteur de manuels d'agriculture générale parfois contestés dans le milieu académique, demande "*Pourquoi une remise en cause de certaines formes d'agricultures ?*" En proposant des "*normes d'une agriculture productive et durable*", il plaide en faveur de l'AB qu'il présente comme source d'inspiration pour l'avenir de l'agriculture : "*parler d'agrobiologie, c'est en somme parler de bonne agronomie, d'une agronomie au sens plein du terme : l'art de tirer parti des mécanismes biologiques pour produire des aliments pour l'homme à partir du maximum d'énergie solaire et du minimum d'énergie fossile*" (Soltner, 1979). Dans les années 80, les agronomes évoquent parfois l'écologie pour tempérer les effets de l'intensification de l'agriculture intensive en termes de recours à des intrants externes (Rebischung, 1976 ; Sebillotte, 1984) ou pour mieux valoriser des acquis en matière de protection intégrée des cultures (Cauderon, 1981), mais pas en termes de nécessité ou d'orientation scientifique.

Deux courants laissent entrevoir des références explicites au terme agroécologie : les ethnosciences et une agronomie systémique.

Le lien aux ethnosciences est explicité aujourd'hui par le rattachement de S. Pérez-Vitoria à un des laboratoires berceaux des ethnosciences en France (Bahuchet, 2009, 2010). Si quelques-uns de ses auteurs se réfèrent sporadiquement au terme agroécologie (Laboratoire d'agronomie coloniale, 1931 ; Portères, 1947 ; Pujol *et al.*, 2002), les ethnosciences partagent avec certains travaux de l'agroécologie américaine leur intérêt pour les agrosystèmes traditionnels (Gliessman *et al.*, 1990 ; Porcuna et Cruz, 2003 ; Sauget, 1993b) ou l'écologie et l'usage des espèces domestiquées (Altieri et Trujillo, 1987 ; Bahuchet, 2010). Durant la période coloniale le phytogéographe A. Chevalier dessine les "*contours d'une agronomie tropicale ouverte aux approches humaines et environnementales (...) qui ne néglige pas les apports de la systématique et de la biogéographie, et s'ouvre vers l'écologie (...) une agronomie qui valorise les savoirs paysans et conduit à l'étude des systèmes agraires et à I'ethnobotanique.*" (Bonneuil, 1996). Ces approches se préoccupaient d'identifier les "zones agro-écologiques" et les berceaux agricoles, c'est-à-dire l'origine, la distribution et l'écologie des plantes domestiquées dans la lignée du généticien russe Vavilov[27]. Mais le lien explicite à l'agroécologie reste ponctuel.

Le Courrier de l'Environnement de l'Inra est un bon marqueur du timide développement de l'agroécologie dans l'agronomie française. Dans ses 50 premiers numéros (1986-2004), seules 16 occurrences du nom, 58 adjectivations et 14 documents citant les agroécologues américains apparaissent à partir de 1991. Les articles marquants proviennent d'auteurs québécois (Estevez et Domon, 1999 ; Estevez *et al.*, 2000). Outre la question de la protection des cultures, d'autres occurrences sont associées aux indicateurs (Bockstaller *et al.*, 1997) ou à la notion d'infrastructures (Solagro) et en écologie du paysages particulièrement développée au sein du département SAD de l'INRA (Baudry et Deffontaines, 1987 ; Sauget, 1993a, b). Depuis sa création en 1979, ce département a aussi développé des travaux (qui ont parfois été reconnus comme appartenant à l'agroécologie même s'il s'est rarement explicitement associé à ce courant (Buttel, 2003). Enfin, quelques acteurs du mouvement social ont également été rattachés à l'INRA. Dans les années 2000, l'agroécologie occupe une place plus importante en lien avec une volonté de renouveler l'agronomie. La parution d'un ouvrage (Doré *et al.*, 2006) invoque un rapprochement avec l'écologie pour traiter de systèmes complexes et de leurs propriétés, des conférences plaident pour une

[27] Notons que Vavilov utilisait aussi le terme « agroécologique » (1957) et qu'il a été traduit par Haudricourt héritier de Chevallier

"*agronomie intégrale*" (Chevassus-au-Louis, 2006). L'Association Française d'Agronomie créée en 2008 comprend des membres rompant avec le *mainstream* de l'agronomie et se positionnant sur l'agroécologie (Sarthou, 2010).

L'agroécologie dans les expertises, institutions et politiques de recherche agronomique : l'agroécologie au secours de l'agronomie ?

Les initiatives précédentes sont amplifiées par une prise en compte progressive de l'agroécologie dans des instances majeures de la recherche agronomique (fig. 1, cadran nord-est). Nous en rendons compte au travers de trois exemples français et internationaux présentés selon leur antériorité.

CIRAD : de la révolution doublement verte à l'intensification écologique

La révolution verte, même si elle a minimisé la mise en culture de terres marginales en accroissant les rendements sur des terres productives, a aussi eu pour effet de remplacer des régulations internes liées à des processus écologiques par des moyens de contrôle externes comme les engrais et les pesticides.

Fort de ce constat, le CIRAD s'engage au milieu des années 90 dans une "*révolution doublement verte*". La notion, théorisée par Conway et Griffon (1994) sous l'égide du CGIAR, propose de passer d'un "*développement agricole fondé sur la maîtrise des milieux à un autre, fondé sur la connivence avec les écosystèmes, sur la prise en compte de la variabilité des systèmes et de mettre en pratique dans l'agriculture les connaissances accumulées par l'écologie scientifique*" (Griffon, 1996), soit une "*agriculture très productive et respectant les lois de l'écologie*" (Griffon, 2009). Après l'abandon d'"*un terme qui n'a jamais vraiment convaincu*", l'approche est finalement dénommée au sein du processus gouvernemental du "Grenelle" (2008), *agriculture écologiquement intensive* soit "*l'agriculture intensive classique telle que nous la connaissons, mais parée des vertus de l'écologie*" (Griffon, 2009). Selon l'auteur, le choix de l'oxymore *écologiquement intensif* procède d'une visée stratégique explicite par le recours à un paradoxe apparent voire à un "*malentendu (...) extrêmement utile*" qui permet de réfléchir et de "*mobiliser les consciences*" chez les acteurs agricoles (Griffon, 2009).

En dehors du CIRAD, cette approche est promue par l'AEI présidée par M. Griffon, hébergée à l'ESA d'Angers et liée à des acteurs d'agricultures conventionnelle et de conservation (FAO, groupes d'agriculteurs, agrofourniture, banque) (Fig 1 sud du cadran nord-est). Elle s'appuie également sur l'agriculture raisonnée, l'AB, mais aussi sur l'écoagriculture et l'agroécologie (Griffon, 2007). Ces dernières ne sont pourtant pas équivalents (Ollivier et Bellon, 2011) comme en témoigne la controverse au sein de l'UCIN, concernant leurs rapports aux OGM, au social et à l'écologie (Altieri, 2004). Cependant, le site www.agriculture-de-conservation.com, aussi dénommé "*portail des agricultures écologiquement intensives*" tente de clarifier les relations les différentes approches agricoles : "*L'écologie (à ne pas confondre avec l'écologisme qui est une doctrine politique) est l'étude des interactions des diverses espèces qui occupent un milieu donné et la façon dont elles exploitent les ressources dudit milieu (...). Étudier l'écologie du champ (l'agroécologie) est indispensable pour imaginer et mettre en œuvre des systèmes agricoles qui copient le fonctionnement des écosystèmes naturels : l'agriculture de conservation nous semble une bonne base de départ.*" Force est donc de constater que les ambiguïtés sont loin d'être levées : ici une posture apolitique, tranchant avec le mouvement social de l'agroécologie, est clairement affirmée.

L'usage du *malentendu* se retrouve au sein de l'actuel document d'orientation du CIRAD (2008) qui utilise le terme agroécologie ("*agroécologie fonctionnelle*", "*dynamiques agroécologiques*") dans son axe 1 "***inventer une agriculture écologiquement intensive*** *pour nourrir la planète*". Si le CIRAD aborde l'agroécologie sous l'angle de la protection biologique des cultures (Deguine et al., 2008), *sa* contribution majeure est consacrée aux travaux sur le semis sous couverture végétale (SCV) qui se réfère en fait à *l'agriculture de conservation.* Ces travaux menés dès les années 80, d'abord sur les latifundia brésiliennes puis étendus à l'agriculture familiale, ont trouvé un relais dès les années 90 auprès du Fonds Français pour l'Environnement Mondial (FFEM), de l'Agence Française de Développement (AFD) et du

Ministère des Affaires Etrangères qui financent des programmes de développement successifs[28] dans différents pays du Sud[29]. L'usage de l'agroécologie dans ce contexte est ambigu alors même que tous ces acteurs utilisent le terme. Le site de l'équipe SCV (http://agroecologie.cirad.fr/) (Fig. 1, cadran nord-est) se réfère explicitement à la définition de l'agroécologie d'Altieri (2002) ("*L'agroécologie est la science de la gestion des ressources naturelles au bénéfice des plus démunis confrontés à un environnement défavorable*") alors que leurs travaux se limitent aux principaux travaux de l'agriculture de conservation[30].

D'abord une réponse écologique aux effets érosifs du travail du sol dans les années 30 aux USA, l'agriculture de conservation a été investie dans les années 60 par l'agrochimie et l'agrofourniture pour substituer le travail du sol mécanique par les herbicides dans la gestion des adventices (Goulet, 2008). Elle s'est ensuite fortement développée, dans les latifundia sud-américaines puis asiatiques jusqu'à être promue au rang de modèle par la FAO en 2000. Mais elle est controversée par certains agronomes (Giller *et al.*, 2009 ; Serpantié, 2009) et des membres du mouvement social de l'agroécologie (Beauval, 2010 ; Guillet, 2007), en particulier vis-à-vis des pesticides et OGM et de l'inadaptation aux cultures techniques locales. Goulet (2008) identifie des stratégies de mise en invisibilité de ces entités controversées au profit d'une image d'un modèle de culture respectueux de l'environnement. Malgré l'innovation conceptuelle peu contestable (intensifier en connaissance et en processus écosystémiques), de manière intentionnelle ou non, le flou autour de l'usage des termes (agroécologie, agriculture de conservation…) ne relèverait-il pas aussi d'un tel processus permettant certes un consensus pragmatique autour du plus petit dénominateur commun, et d'une restriction à quelques formes d'agriculture déjà référencées ?

---

[28] Plan d'Action Global "Agro-Ecologie" ; Plan d'Action Multi Pays en Agro-Ecologie

[29] Madagascar, Laos, Mali, Tunisie, Cameroun

[30] participation à ses colloques internationaux, référence à ses publications et auteurs de référence (Garcia Torres, Benites…), au site du département Agriculture de Conservation de la FAO…

L'IAASTD : un moment majeur de la reconnaissance de l'agroécologie à l'échelle internationale

En 2008, après une procédure lancée en 2001 par la Banque Mondiale, un rapport clef est publié (IAASTD, 2008). Basée sur la mobilisation de centaines d'experts[31], cette évaluation débouche sur des propositions aux gouvernements concernant une réorganisation de la recherche agricole pour "*un développement équitable et socialement, écologiquement et économiquement rationnel*". Cette évaluation, combinant les points de vue de scientifiques, d'experts d'ONG et d'agences d'Etat, prolonge une série de grandes évaluations internationales (IPCC, MEA, IPBES...)[32]. Avant le rapport de Schutter (2010), elle est devenue une référence en matière d'agroécologie.

L'IAASTD (2008) évoque l'agroécologie de plusieurs manières (systèmes, fonctions, services). Il affirme la nécessité de "*diversifier et de renforcer les AKST*[33] *en tenant compte des différences qui existent entre* ***systèmes agroécologiques*** *et en termes de conditions sociales et culturelles*" par "*une utilisation plus rationnelle des nutriments, de l'énergie, de l'eau et des sols ; une meilleure compréhension des dynamiques sol-plantes-eau ; une diversification accrue de l'agriculture (...) une meilleure compréhension des* ***fonctions agroécologiques***". En mettant "*l'accent sur les projets participatifs de sélection végétale et sur* ***l'agroécologie***", le rapport propose que "*les biotechnologies devraient servir à préserver les compétences et le matériel génétique locaux, de sorte que les collectivités locales puissent poursuivre leurs recherches*".

Il soutient ainsi une posture de pluralisation de la recherche agronomique internationale portée d'une part par des agro-écologues américains, bien présents dans les différentes instances de l'IAASTD et dans de nombreuses citations[34] (IAASTD, 2008), et d'autres part par des auteurs européens, en particulier français (CIRAD et INRA) promouvant les principes de la multifonction-

---

[31] Les représentants français dans le groupe de travail provenaient en majorité du CIRAD et minoritairement de l'INRA

[32] On notera la présence récurrence de Bob Watson à la tête de ces différents travaux

[33] AKST : connaissances, les sciences et technologies agricoles

[34] En particulier, M Altieri, J. Guthman, J. Kloppenburg, I Perfecto, S Gliessman

nalité. En fait, l'IAASTD a connu une controverse sur le rôle des OGM (Kiers *et al.*, 2008) jusqu'à être accusée d'être l'expression de chercheurs et d'activistes anti-OGM (Stokstad, 2008).

La légitimité internationale de l'agroécologie acquise lors de l'IAASTD, et le processus de circulation des idées, ont ensuite eu des effets sur les politiques de recherche agronomiques en France comme en témoigne le cas de l'INRA.

La relance de l'agronomie française par une conversion écologique ?

L'arrivée de l'agroécologie au plus haut niveau de la programmation scientifique de l'INRA, principal institut de recherche agronomique français, a subi quelques hésitations. En effet, en 2005, lors de la conférence mondiale sur la Biodiversité, un haut responsable de l'INRA (Riba, 2005) proposait un renforcement des compétences en écologie dans les organismes de recherche agronomique "*afin d'élaborer les concepts d'une éco-agronomie qui reste à construire*". Il s'appuie alors sur l'écoagriculture promue par l'UICN et la Banque Mondiale (Scherr et McNeely, 2002) auquel Altieri s'est vivement opposé au sein même de l'UICN (Altieri, 2004). En 2008, à la sortie de l'IAASTD et au lancement de la réflexion sur sa nouvelle programmation scientifique (2010-2020), le terme agroécologie apparaît progressivement dans les documents de l'INRA au point même d'acquérir une position centrale dans le document d'orientation final (INRA, 2010a). La figure 3 montre ainsi que l'agroécologie est un chantier, associée à la biologie prédictive, au fondement de l'ensemble de la programmation de l'institut, de sa structuration interne et de nouvelles alliances externes.

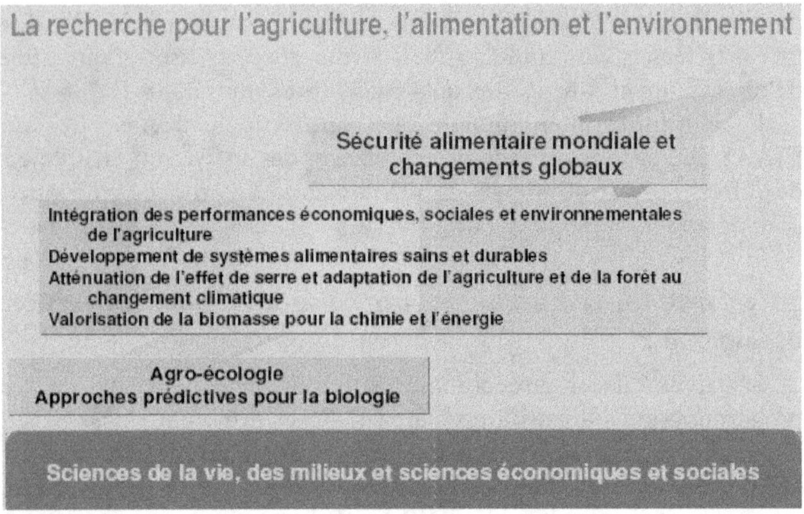

Figure 3 : La structuration des priorités de recherche de l'INRA (INRA, 2010a)

Ainsi, l'Alliance nationale de recherche pour l'environnement réunissant les instituts de recherche français comporte un Groupe de Travail *Agroécologie et Sol*[35] *qui travaille aussi à identifier les contours de l'agroécologie.* Le GIS "Relance agronomique" (2010b), regroupant recherche, enseignement et développement, s'axe sur "*la formation des acteurs du développement et de l'enseignement technique agricole (...) en plaçant l'agronomie et l'agro-écologie au cœur de ces formations, et en valorisant les approches systémiques*", ce qui donne lieu au développement de formations en agroécologie au sein d'universités, d'écoles privées et publiques d'agriculture. Le Ministère de l'Agriculture (2010) positionne également l'agroécologie comme une de ses 4 "*priorités agro-industrielles de recherche et développement*", en lien avec la sélection variétale en vue *de « Relever le défi d'une agriculture durable et compétitive par l'innovation sur les produits agricoles et leur mode de production*"[36].

[35] http://www.allenvi.fr/wp-content/uploads/2010/05/GT1_Agroe%CC%81cologie-sol.ppt.pdf

[36] Notons que le terme agroécologie disparaît dans les versions finales de ce projet.

L'agroécologie est réduite à une ambition disciplinaire "*Tout en reconnaissant que la polarisation des recherches vers l'action pourra amener à considérer ses interfaces avec, et ses extensions vers, les sciences économiques et sociales, c'est la fertilisation croisée des disciplines écologiques, agronomiques et zootechniques qui sera visée en premier lieu comme source de nouveaux concepts et d'innovations*" appliquées à la santé des plantes et des animaux et aux agro-écosystèmes (INRA, 2010a). La PDG de l'Inra affirme ailleurs : "*nous créons une nouvelle science : l'agro-écologie*" (Arnoux, 2010). Dans les Echos (Deschamps, 2010) elle ajoute : "*Oui, nous devrons changer de concept de production agricole. (...) L'humanité a donc fait des progrès extraordinaires mais en utilisant des auxiliaires de production - engrais, pesticides, déforestation - qui ne portent pas un modèle durable. Le "tout bio" n'étant pas une option, car on ne parviendrait pas alors à nourrir la planète, il faut trouver un compromis entre la nécessité de maintenir, voire d'augmenter, les rendements tout en préservant la bonne santé des terres et de l'eau. (...) Revoir les modes de production passe entre autres par une meilleure compréhension de la dynamique des sols et de l'interaction entre les éléments inertes et vivants (...). C'est ce que j'appelle l'agroécologie, une science toute jeune à la convergence de l'agronomie et de l'écologie"*. Cette intégration *"débouche sur la conception, dans le cadre de partenariats renouvelés, de nouveaux systèmes de production explicitement inscrits dans une perspective de développement durable et mobilisant les avancées en biologie, biotechnologies et en agro-écologie*". Il s'agit toujours de "*créer de nouveaux matériels génétiques adaptés à des systèmes de production*" par la "*sélection génomique*" avec le souci de s'adapter aux "*contextes diversifiés et fluctuants d'agro-écosystèmes productifs et respectueux de l'environnement*" et de ne pas "*exclure le recours à de nouvelles molécules bioactives*". La question de la place de l'AB dans cette nouvelle orientation reste cependant en suspens…

L'interprétation de l'agroécologie comme champ scientifique domine, conformément aux missions d'un Institut de recherche finalisée. Au-delà d'un renforcement des liens entre agronomie et écologie, les stratégies de département attestent de positions différentes quant à la portée programmatique et éthique de l'agroécologie. La position de l'INRA, par sa vision cumulative des modèles technico-économiques agricoles, tranche avec la perspective scientifique américaine (Altieri, 2005) et les mouvements sociaux qui au contraire montrent des incompatibilités de paradigmes.

Discussion et conclusions

Vers une synthèse des agroécologies ?

L'agroécologie apparaît multiforme. Elle ne peut être réduite à un ensemble technologique, même si certains auteurs la considèrent comme parapluie pouvant accueillir un ensemble d'agricultures (Francis *et al.*, 2006). En France, elle est d'abord structurée par les mouvements sociaux en marge des institutions, réappropriée comme mot d'ordre par plusieurs formes d'agricultures, elles-mêmes convoquées par l'agroécologie pour soutenir des propositions puis par les institutions officielles. Cette gamme d'usages des flexions du syntagme "agroécologie" entraîne avec elle toute une construction pratique, théorique et éthique. Comme dans d'autres pays (EMBRAPA, 2006 ; Nelson *et al.*, 2009), nous constatons que l'agroécologie s'institutionnalise sous différentes formes dans le *mainstream* mais aussi dans le mouvement social avec leurs ambiguïtés respectives. Alors que les deux mondes se tournaient le dos, des liens institutionnels apparaissent (fig. 1). Des interactions récentes ont eu lieu pour confronter les différentes visions: colloques TerrEthique[37], Ministère des Affaires Etrangères et Européennes (Doré, 2011 ; Perez-Vitoria, 2011 ; Wery, 2011), rapport de Schutter (2010), ou encore rencontres dédiées[38] ou centrées sur d'autres agricultures mais donnant place à l'agroécologie[39].

---

[37] Co-fondée par L. Guyau, ancien président de la FNSEA puis de l'APCA et actuellement président indépendant du Conseil de la FAO, J. Salmon ancien vice-président de l'APCA avec l'appui d'entreprises telles que Veolia, McDonald's…

[38] « Agro-écologie, de quoi parle-t-on ? » Les journées scientifiques. Partenariat entre l'enseignement technique, l'enseignement supérieur et la recherche. Le 22/3/2011, Isara Lyon ou Ecoles d'été en Agroécologie (ISSAE), Louvain (2010) et Toulouse (2011).

[39] Par ex Forum de l'agriculture biologique le 7 mai 2011 à Toulouse (avec la première participation conjointe de PRabhi, M. Dufumier, les Bourguignon, G

Mais allons-nous vers une convergence des interprétations de l'agroécologie ? Dans l'immédiat aucune définition consensuelle ne semble s'imposer en France (voir

Tableau 1), même si on passe d'une rationalité technique uniformisante à l'adaptation à des contextes socio-écologiques variés.

Tableau 1 : Récapitulatif des principales versions de l'agroécologie

	Altieri	Rabhi	CIRAD	INRA
Définition	Analyse des agroécosystèmes, pour concevoir des systèmes agricoles durables	Au-delà de la pratique agricole, une éthique de la vie	SCV ; protection intégrée des cultures	Une interdiscipline agronomie/écologie
Position sociale	Reconnaissance en cours	Marginale	Mainstream	Mainstream
Fondements conceptuel	Ecologie Protection des cultures	Biodynamie, Humanisme, Ecologie	Intensification Ecologique	Services écosystémiques
Inspiration pratique	Agricultures traditionnelles	Agricultures traditionnelles	Grande culture	Agriculture intensive
Modèle économiqu e soutenu	Petite agriculture	Petite agriculture	Tous	Tous
Ethique	Réduction des inégalités sociales	Affirmée, humaniste et écocentrée	Implicite et technocentréc	Technocentrée
Objet central	Agroécosystème	Terre	Sol et couvert, bioagression	Interactions biotiques
Pesticides	Possible, minoritaires	Non	Oui	Oui
OGM	Non (Altieri, 2000, 2003)	Non	Oui	Oui
Liens à l'AB	Complexe	Fort	Non	Faible

Avec un regard international, des publications montrent cette polysémie et proposent des catégories d'agroécologies (Buttel, 2003 ; Dalgaard *et al.*, 2003 ; Sauget, 1993b ; Wezel *et al.*, 2009), en montrant ses fondements scientifiques ou sa portée

Kastler) ; Salon International du Bio et de l'Agriculture Durable à Agen juin 2011...

programmatique. Un des effets collatéraux de ces propositions est de favoriser l'affirmation de postures particulières (scientifique, ingénierie, éthique...). Pour autant, au moins trois questions restent ouvertes :

- Le rapport aux technologies agricoles est un élément clivant les différentes interprétations : les uns se positionnent contre les biotechnologies (Altieri, 2000, 2003) et/ou les pesticides, tandis que les autres, principalement dans les instituts de recherche, les considèrent comme des éléments incontournables pour assurer la sécurité alimentaire
- L'alimentation traverse plusieurs propositions, même si elle est déclinée selon différents modes (sécurité vs souveraineté alimentaire). Il reste à estimer si et comment des solutions locales parfois mises en avant (AMAP par ex) permettent de répondre à des enjeux globaux.
- La portée sociale de l'agroécologie, ciblant de petits agriculteurs aux ressources limitées (Altieri, 2002), ou alternativement, soutenant une perspective d'extension à l'ensemble de l'agriculture (Warner, 2007). Au-delà de débats sur les échelles d'application de l'agroécologie (de la parcelle au système agri-alimentaire), les modes de circulation des connaissances occupent une position centrale pour penser et accompagner des transitions agricoles (Rosset *et al.*, 2011 ; Warner, 2007), y compris dans la formation.

Les raisons de l'émergence

Développement durable, biodiversité, agri-environnement ont inspiré les politiques publiques, ainsi que la justification des recherches sur l'agriculture depuis les années 90. Ces concepts tendent à s'effacer depuis les années 2000. L'agroécologie remplacerait-elle ces anciens mots d'ordre ? Comment peut-on comprendre la nouvelle stratégie de démarcation des instituts de recherche? Les évolutions du contexte international et national de la production et de la recherche agricole les questionnant fondamentalement, ils doivent renforcer leur légitimité. Les problèmes d'érosion de la biodiversité, de changements globaux et de la sécurité alimentaire, très tôt identifiés, sont loin d'être résolus (IAASTD, 2008 ; MEA, 2005). Confronté à des appropriations ambiguës, le paradigme de la durabilité s'est épuisé dans les années 90 (Ollivier et Bellon, 2011). Le paradigme agri-environnemental de la PAC, envisageant l'environnement comme une contrainte à compenser et l'agriculture comme une perturbation de l'environnement, n'a pas réglé les problèmes posés par la modernisation agricole (Kleijn *et al.*, 2001) même s'il a déterminé les politiques publiques et de recherche, marginales, associées. L'agroécologie contient, au moins en germe, une proposition pour traiter de façon plus intégrative ces questions, souvent abordées de façon compartimentée, mais ses appropriations divergentes et déconnectées les unes des autres risquent d'entraîner des malentendus improductifs. C'est aussi une occasion de repenser la diversification des modèles agricoles. À ce titre, deux pistes de travail restent ouvertes

Pour une généalogie élargie de l'agroécologie

L'appropriation comme la construction de l'agroécologie interpellent différemment les scientifiques. Deux positions au moins sont présentes :

- ✓ aménagement disciplinaire : agronomie se préoccupant d'enjeux environnementaux, écologie s'intéressant aux milieux agricoles voire agronomie et écologie interagissant pour construire une nouvelle discipline ;
- ✓ projet interdisciplinaire, avec des SHS, considérant la multidimensionnalité des transitions (comme faits écologiques, techniques, et sociaux), acceptant les usages sociaux des sciences et revendiquant un engagement pour un développement durable.

La volonté de (ré)conciliation des disciplines se traduit parfois par l'incorporation asymétrique de connaissances d'écologie dans le corpus des agronomes sous la forme d'une "agronomie intégrale" (Chevassus-au-Louis, 2006), montrant la difficulté de se détacher de certains paradigmes et objets disciplinaires (Goulet et Barbier, 2011). De son côté, l'écologie a dû considérer l'activité humaine autrement que comme une perturbation, prendre un tournant fonctionnel, étudier des agro(-socio-) écosystèmes... Au-delà d'une focalisation sur l'emploi du terme agroécologie et ses variantes, il y aurait matière à reconstruire des co-dynamiques disciplinaires, avec des filiations d'idées (entomologie économique, écologie agricole ou agricultures comparées...), des emprunts ou points de rencontre éventuels. Dans la même veine, notre restriction à l'usage du terme et ses variantes mériterait d'être complétée avec d'autres courants d'agriculture et à leurs enseignements (agriculture comparée, écologie agraire...), afin d'explorer les filiations entre formes d'agriculture, d'évaluer les modes de crédibilisation et de contribuer à une phylogénie de l'agroécologie.

Un tel chantier servirait à réduire nos ignorances[40] de l'agroécologie, particulièrement en identifiant les courants de pensée au niveau international, thèmes de recherche en cours et les incompatibilités qui les accompagnent pour que l'agroécologie ne soit pas une incantation vidée de tout sens.

Références bibliographiques

Agrisud International, 2010. L'agroécologie en pratiques.

Altieri MA, 1986. Agroécologie. Bases scientifiques d'une agriculture alternative. Debard, 237 p.

Altieri MA, 2000. The ecological impacts of transgenic crops on agroecosystem health. *Ecosystem Health*, vol. 6, n° 1, pp. 13-23.

Altieri MA, 2002. Agroecology: the science of natural resource management for poor farmers in marginal environments. *Agriculture, Ecosystems and Environment*, vol. 93, n° 1-3, pp. 1-24.

Altieri MA, 2003. Ethical dimensions of agroecology criticism to agrobiotechnology. *Acta bioethica*, vol. 9, pp. 47-61.

Altieri MA, 2004. Agroecology versus Ecoagriculture: balancing food production and biodiversity conservation in the midst of social inequity. *CEESP Occasional Papers 3*, UICN, 29 p.

Altieri MA, 2005. The myth of coexistence: why transgenic crops are not compatible with agroecologically based systems of production. *Bulletin of Science, Technology & Society*, vol. 25, n° 4, pp. 361.

Altieri MA, 2009. Agroecology, Small Farms, and Food Sovereignty. *Monthly Review-an Independent Socialist Magazine*, vol. 61, n° 3, pp. 102-13.

Altieri MA et Nicholls CI, 2003. Agroecology: rescuing organic agriculture from a specialized Industrial model of production and distribution. *Ecology and Farming*, n° 34, pp. 24-6.

[40] Pour reprendre l'expression utilisée par R. Dumont dans la préface de l'ouvrage d'Altieri (1986) : « Nous sommes très ignorants »

Altieri MA et Nicholls CI, 2008. Sauver l'AB. Sortir d'un modèle de production et de distribution spécialisé de type industriel. *Nature & Progrès*, n° 70.

Altieri MA et Trujillo J, 1987. The agroecology of corn production in Tlaxcala, México. *Human Ecology*, vol. 15, n° 2, pp. 189-220.

Arnoux P, 2010. Marion Guillou, président directeur général de l'INRA "Nous créons une nouvelle science : l'agro-écologie". *Le Nouvel Economiste*, n° 1541.

Azzi G, 1956. Agricultural ecology. Constable, 424 p.

Bahuchet S, 2009. Actualité de l'ethnobiologie. *Journal d'Agriculture Traditionnelle et de Botanique Appliquée.*

Bahuchet S, 2010. Haudricourt et les ethnosciences au Muséum national d'Histoire naturelle, http://hal.archives-ouvertes.fr/docs/00/54/82/08/PDF/Bahuchet_2008-Haudricourt-MusA_um.pdf.

Baudry J et Deffontaines JP, 1987. Agronomie et écologie : Réflexion sur leur complémentarité pour l'étude de l'activité agricole. Application à l'aménagement et à la gestion de l'espace rural. *Le Sadoscope*, n° 37, pp. 3-14.

Beauval V, 2010. Confrontation de deux visions. *Campagnes solidaires, dossier "L'agro-écologie, fertilisant naturel de l'agriculture paysanne ?"*, n° 251, pp. IV-V.

Bellon S, Lamine C, Ollivier G et de Abreu LS, 2011. The relationships between organic farming and agroecology. *in* Neuhoff D. (ed.) 3rd ISOFAR Scientific Conference at the 17th IFOAM Organic World Congress, Gyeonggi Paldang, Republic of Korea, 28/09-01/10/2011, pp. 4.

Bockstaller C, Girardin PH et Van der Werf HMG, 1997. Use of agro-ecological indicators for the evaluation of farming systems. *Developments in Crop Science*, vol. 25, pp. 329-38.

Bonneuil C, 1996. Entre science et empire, entre botanique et agriculture : Auguste Chevalier, savant colonial. *in* Petitjean P. (ed.), *Les sciences coloniales. Figures et institutions*. Collection « Les Sciences Hors d'Occident au XXème siècle », Orstom, Paris, pp. 15-36.

Bourg D et Papaux A, 2010. Vers une société sobre et désirable. Fondation Nicolas Hulot, pour la Nature et l'Homme.

Bourguignon C et Bourguignon L, 2008. Le sol, la terre et les champs: pour retrouver une agriculture saine. Sang de la Terre.

Buttel F, H., 2003. Envisioning the Future Development of Farming in USA: agroecology between extinction and multifunctionality? . *New Directions in Agroecology Research and Education.* University of Wisconsin, Wisconsin, pp. 14.

Calame M, 2007. Une agriculture pour le XXIe siècle: manifeste pour une agronomie biologique. Editions Charles Leopold Mayer.

CARI, 2008. Dossier Spécial Agroécologie à l'occasion des 10 ans du CARI. Viols le Fort.

Cauderon A, 1981. Sur les approches écologiques de l'Agriculture. *Agronomie*, vol. 1, n° 8, pp. 611-6.

Chakrabarti S, Joshi MM, Punera K et Pennock DM, 2002. The structure of broad topics on the web. Proceedings of the 11th international conference on World Wide Web, ACM, pp. 251-62.

Chateauraynaud F, 2003. Prospéro - Une technologie littéraire pour les sciences humaines. CNRS Editions, 406 p.

Chevassus-au-Louis B, 2006. Refonder la recherche agronomique. *Les défis de l'agriculture mondiale au XXIe siècle. Leçons inaugurales du Groupe ESA*.

CIRAD, 2008. La vision stratégique 2008-2012.

Colibris Mouvement pour la Terre et l'Humanisme, 2008. Charte Internationale pour la Terre et l'Humanisme.

Collectif et Rahbi P, 2006. Une agriculture du vivant, L'héritage de l'école de Beaujeu. Fraysse & CEREA, 312 p.

Confédération Paysanne, 2010. *Campagnes solidaires*, n° 251.

Dalgaard T, Hutching J et Porter JR, 2003. Agroecology, scaling and interdisciplinary. *Agriculture, Ecosystems and Environment*, vol. 100, n° 100, pp. 39-51.

de Schutter O, 2010. Rapport du Rapporteur spécial sur le droit à l'alimentation. Nations Unies, Conseil des droits de l'homme, Seizième session. Point 3 de l'ordre du jour : Promotion et protection de tous les droits de l'homme, civils, politiques, économiques, sociaux et culturels, y compris le droit au développement, 20/12/2010.

Deguine J-P, Ferron P et Russel D, 2008. Protection des cultures. De l'agrochimie à l'agroécologie. Editions QUAE.

Deléage JP, 2001. Une histoire de l'écologie. Le Seuil, 332 p.

Deschamps PM, 2010. Marion Guillou, agronome et PDG de l'INRA : nourrir 9 milliards d'habitants. *Les Echos*.

Doré T, 2011. Qu'est-ce que l'agroécologie et peut-elle être une solution ? Services écosystémiques et sécurité alimentaire. Quelles solutions pour des systèmes de production durable ?, Paris, 11 janvier 2011, Ministère des Affaires Etrangères et Européennes, Agence Française de Développement, Groupe de Travail Désertification.

Doré T, Le Bail M, Martin P, Ney B et Roger-Estrade J, 2006. L'agronomie aujourd'hui. QUAE, 367 p.

Drozerah, 2010. André Pochon : pour une agroécologie, sortir du productivisme ! Herbage et histoire critique du productivisme.

Passerellesud, 08/10/2010, http://www.passerellesud.org/Andre-Pochon-pour-une-agroecologie.html.
Duthil J, 1971. Élements d'écologie et d'agronomie. Tome I. Connaissance du milieu. Baillière, Paris, 265 p.
EMBRAPA, 2006. Marco Referencial em Agroecologia. *Embrapa Informação Tecnológica*, Brasília.
Estevez B et Domon G, 1999. Les enjeux sociaux de l'agriculture durable : un débat de société nécessaire ? Une perspective nord-américaine. *Courrier de l'Environnement de l'INRA*, n° 36, pp. 97-106.
Estevez B, Domon G et Lucas E, 2000. Le modèle ESR (efficacité-substitution-reconceptualisation), un modèle d'analyse pour l'évaluation de l'agriculture durable applicable à l'évaluation de la stratégie phytosanitaire au Québec. *Courrier de l'Environnement de l'INRA*, n° 41, pp. 97-104.
Francis C, Breland TA, Lieblein G, Moulton M, Salomonsson L, Geber U, Langer V, Sriskandarajah N, Porter J et Helenius J, 2006. Agroecology education and research: an academic platform for organic farming.
Geyser, 1994. Les bases scientifiques d'une agriculture alternative, http://base.d-p-h.info/pt/fiches/premierdph/fiche-premierdph-2476.html.
GEYSER et CIEPAD, 1995. Agricultures durables en Méditerranée : Fiches d'expériences. Fondation Charles Léopold Mayer pour le progrès de l'homme.
Giller KE, Witter E, Corbeels M et Tittonell P, 2009. Conservation agriculture and smallholder farming in Africa: The heretics' view. *Field Crops Research*, vol. 114, n° 1, pp. 23-34.
Gliessman SR, 1990. Agroecology: researching the ecological basis for sustainable agriculture. *Ecological Studies*, vol. 78, pp. 3-10.
Gliessman SR, 2007. Agroecology of sustainable food systems. CRC Press Taylor & Francis Group.
Gliessman SR, Altieri MA et Hecht SB, 1990. The ecology and management of traditional farming systems. *Agroecology and small farm development.*, pp. 13-7.
Goulet F, 2008. L'innovation par retrait : reconfiguration des collectifs sociotechniques et de la nature dans le développement de techniques culturales sans labour, Université Pierre Mendès-France. Ecole Doctorale "Sciences de l'Homme, du Politique et du Territoire", Grenoble, 433 p.
Goulet F et Barbier JM, 2011. Moins de technique, plus de nature : vers une portée heuristique de l'écologisation des pratiques agricoles ?

Colloque "Ecologisation des politiques et des pratiques agricoles", Isle sur la Sorgue, 16-18 mars 2011.

Griffon M, 1996. Vers une Révolution Doublement Verte. CIRAD.

Griffon M, 2007. L'agriculture intensive devra connaître des changements inévitables. *Cahiers Agricultures*, vol. 16, n° 2.

Griffon M, 2009. Petits déjeuners Terra, 16/06/2009, TerrEthique.

Guillet D, 2007. Le non-labour dans les sillons de l'agro-chimie, http://www.liberterre.fr/gaiagnostic/dominique/nonlabour.html.

Hénin S, 1967. Les acquisitions techniques en production végétale et leur application. *Economie Rurale*, vol. 74, n° 1, pp. 37-44.

Hulot N, Rabhi P et Zarachowicz W, 2005. Graines de possibles: regards croisés sur l'écologie. Calmann-Lévy.

IAASTD, 2008. International Assessment of Agricultural Knowledge, Science and Technology for Development : Global Report. UNDP, FAO, UNEP, UNESCO, The World Bank, WHO, Global Environment Facility, 606 p.

INRA, 2010a. Document d'orientation INRA 2010/2020. Une science pour l'Impact. 56 p.

INRA, 2010b. Signature du GIS « Relance agronomique » : répondre aux défis alimentaires et environnementaux du 21e siècle, Communiqué de presse.

Jacomy M, Ghitalla F et Diminescu D, 2007. Méthodologies d'analyse de corpus en Sciences Humaines à l'aide du Navicrawler. Fondation de la Maison des Sciences de l'Homme, 73 p.

Kiers ET, Leakey RRB, Izac A-M, Heinemann JA, Rosenthal E, Nathan D et Jiggins J, 2008. Agriculture at a Crossroads. *Science*, vol. 320, n° 5874, pp. 320-1.

Kleijn D, Berendse F, Smit R et Gilissen N, 2001. Agri-environment schemes do not effectively protect biodiversity in Dutch agricultural landscapes. *Nature*, vol. 413, pp. 6857-7582.

Kleinberg JM, 1999. Authoritative sources in a hyperlinked environment. *Journal of the ACM*, vol. 46, n° 5, pp. 604-32.

Krieg-Planque A, 2009. La notion de « formule » en analyse du discours. Cadre théorique et méthodologique. PUFC, Besançon.

Laboratoire d'agronomie coloniale, 1931. *Revue internationale de botanique appliquée et d'agriculture tropicale*, n° 11.

MAAP, 2010. Circulaire CAB/C2010-0003 sur les priorités agro-industrielles de recherche et développement. 11/03/2010.

MEA, 2005. Ecosystems and Human Well-Being: Synthesis. World Ressources Institute, Washington, D.C., 137 p.

Morez R, 2002. L'agroécologie concerne tout le monde.... *CARI'échos*, n° 7.

N&P, 2002. Pierre Rabhi : homme de coeur pour paroles de Terre. *Nature & Progrès*, n° 34.

Nelson E, Scott S, Cukier J et Galán ÁL, 2009. Institutionalizing agroecology: successes and challenges in Cuba. *Agriculture and Human Values*, vol. 26, n° 3, pp. 233-43.

Neveu E, 1996. Sociologie des mouvements sociaux. La Découverte, 128 p.

Ollivier G et Bellon S, 2010. Agroécologie : qu'y a-t-il derrière le buzz ? L'apport d'une lecture scientométrique. *in* Bonneuil C. et Deverre C. (eds.), Séminaire de recherche "Agriculture, sciences et environnement : l'agriculture entre modernisation et écologisation", Paris, 20/05/2010.

Ollivier G et Bellon S, 2011. Dynamiques des agricultures écologisées dans les communautés scientifiques internationales : une rupture paradigmatique à rebondissements. Colloque "Ecologisation des politiques publiques et des pratiques agricoles", L'Isle sur Sorgues, 16-18 mars 2011, INRA, Ecodéveloppement, pp. 27.

Peltre F, 2006. Pierre Rabhi, Ecologie, Agriculture et Développement : à la recherche d'une alternative, Institut d'Etudes Politiques, Aix-en-Provence.

Perez-Vitoria S, 2011. L'agroécologie, une approche multidimensionnelle de l'agriculture. Services écosystémiques et sécurité alimentaire. Quelles solutions pour des systèmes de production durable ?, Paris, 11 janvier 2011, Ministère des Affaires Etrangères et Européennes, Agence Française de Développement, Groupe de Travail Désertification.

Pérez-Vitoria S, 2009. Le succès de l'agroécologie. *L'Ecologiste*, n° 28.

Pérez-Vitoria S et Sevilla Guzman E, 2004. Dossier : agroécologie, la résistance des paysans. Etat des lieux : Introduction. *L'Ecologiste*, n° 14, pp. 21-2.

Pfeiffer E, 1949. La fécondité de la terre. La rétablir, la maintenir. Triades.

Piriou S, 2002. L'institutionnalisation de l'agriculture biologique (1980-2000). Thèse de docorat en Economie de l'Agriculture et des Ressources, ENSAR. Laboratoire "Systèmes de Production et Développement Rural", 423 p.

Politis, 2008. Famines. Quelles solutions ? Après l'échec de l'agriculture industrielle, seule l'agroécologie peut assurer l'autosuffisance alimentaires des populations. *Politis*, n° 999.

Porcuna JL et Cruz A, 2003. Agroecology, organic agriculture and sustainability. The importance of studying traditional agrarian systems. *Actas da Associacao Portuguesa de Horticultura.*

Portères R, 1947. Cours d'Agroécologie Tropicale. Paris, 113 p.

Pujol B, Gigot G, Laurent G, Pinheiro-Kluppel M, Elias M, Hossaert-McKey M et McKey D, 2002. Germination ecology of cassava (Manihot esculenta Crantz, Euphorriaceae) in traditional agroecosystems: Seed and seedling biology of a vegetatively propagated domesticated plant. *Economic Botany*, vol. 56, n° 4, pp. 366-79.

Rabhi P, 1983. Du Sahara aux Cévennes ou la reconquête du songe. Éditions de Candide, Lavilledieu.

Rabhi P, 1989. L'Offrande au crépuscule. Éditions de Candide, Lavilledieu.

Rabhi P, 1995a. Du Sahara aux Cévennes :itinéraire d'un homme au service de la Terre-Mère. Albin Michel, Paris.

Rabhi P, 1995b. Le Recours à la terre. Éditions Terre du Ciel, Lyon.

Rabhi P, 1996. Parole de Terre : une initiation africaine. Éditions Albin Michel, Paris.

Rabhi P, 1997. Manifeste pour des Oasis en tous lieux.

Rabhi P, 2001. Le recours à la terre. *L'Ecologiste*, vol. 2, n° 4.

Rabhi P, 2006a. Conscience et environnement. Éditions du Relié, Gordes.

Rabhi P, 2006b. La part du colibri, l'espèce humaine face à son devenir. Editions de l'aube.

Rabhi P, 2008. Manifeste pour la Terre et l'Humanisme, Pour une insurrection des consciences. Actes Sud.

Rabhi P, 2010. Vers la Sobriété Heureuse. Actes Sud.

Rabhi P, Baratier J et Thouvenot T, 2006 Alliance pour une Europe des Consciences, n° 11.

Rabhi P, Bertrand A, Latouche S, de Ravignan F, Plassart F, Favre D, Fravre C, Foucou P et Tavernier M, 1994. Les semences du changement, CIEPAD.

Rebischung J, 1976. Exposé sur l'Ecologie : Ecologie et agriculture intensive. Académie des Sciences, séance du 22 mars 1976.

Riba G, 2005. L'agriculture doit se réapproprier la biodiversité. Biodiversité, Science et Gouvernance, 24-28 janvier 2005.

Rosset PM, 2002a. Les mythes des avantages comparatifs. *L'Ecologiste*, vol. 3, n° 1.

Rosset PM, 2002b. Terres sans paysans et paysans sans terres. *L'Ecologiste*, vol. 3, n° 1.

Rosset PM, Sosa M, Jaime R, Maria A, Lozano A et Rocio D, 2011. The Campesino-to-Campesino agroecology movement of ANAP in Cuba: social process methodology in the construction of sustainable peasant agriculture and food sovereignty. *The Journal of Peasant Studies*, vol. 38, n° 1, pp. 161-91.

Sarthou JP, 2010. L'agroécologie, l'avenir de l'agriculture: Association Française d'Agronomie,

http://agronomie.asso.fr/carrefour-inter-professionnel/les-pieds-sur-terre/lagroecologie-lavenir-de-lagriculture.html.
Sauget N, 1993a. Propositions méthodologiques pour une prospective sur les espaces ruraux francais. L'Agro-écologie : une approche pour comprendre la place de l'agriculture dans l'environnement, l'espace et la société. 3-27 p.
Sauget N, 1993b. Une approche américaine de l'agro-écologie. *Natures Sciences Sociétés*, vol. 1, n° 4, pp. 353-61.
Scherr SJ et McNeely JA, 2002. Reconciling Agriculture and Biodiversity: Policy and Research Challenges of 'Ecoagriculture'. *Opinion*, IIED, 1-5 p.
Sebillotte M, 1984. Ecologie et agriculture intensive. *Bulletin d'Ecologie*, vol. 15, n° 2, pp. 123-5.
Serpantié G, 2009. L'agriculture de conservation à la croisée des chemins en Afrique et à Madagascar. *VertigO-la revue électronique en sciences de l'environnement*, n° Volume 9 Numéro 3.
Soltner D, 1979. Les grandes productions végétales. Collection Sciences et Techniques Agricoles, 9ème édition, 432 p.
Stokstad E, 2008. Dueling Visions for a Hungry World. *Science*, vol. 319, n° 5869, pp. 1474-6.
Tischler W, 1965. Agrarökologie. Gustav Fischer Verlag, Jena, Germany.
Valette E, 2003. Pour une analyse géographique de l'innovation sociale. L'exemple des territoires ruraux périurbains de la garrigue nord-montpelliéraine, Université Paris VII, 355 p.
van den Akker J, 2008. Dossier : L'agroécologie, un mouvement social ? *Nature & Progrès*, n° 70, pp. 17-35.
Vavilov NI, Ivanovich N, Paenson M et Cole ZS, 1957. World Resources of Cereals, Leguminous Seed Crops and Flax, and Their Utilization in Plant Breeding: Agroecological Survey of the Main Field Crops. Academy of Sciences of USSR.
Vernet E, 2002. Dossier spécial : Comment nourrir l'Humanité. *L'Ecologiste*, vol. 3, n° 1, pp. 50-1.
Warner KD, 2007. Agroecology in action. Extending alternative agriculture through social networks. MIT Press, 273 p.
Wery J, 2011. L'ingénierie agro-écologique permet-elle de concilier augmentation de la production et services environnementaux ? Réflexion à partir des systèmes agroforestiers en zones tropicales et méditerranéenne. . Services écosystémiques et sécurité alimentaire. Quelles solutions pour des systèmes de production durable ?, Paris, 11 janvier 2011, Ministère des Affaires Etrangères et Européennes, AFD, GTD.

Wezel A, Bellon S, Doré T, Francis C, Vallod D et David C, 2009. Agroecology as a science, a movement or a practice. *Agronomy for Sustainable Development*, vol. 29, n° 4, pp. 503-15

Wezel A et Soldat V, 2009. A quantitative and qualitative historical analysis of the scientific discipline of agroecology. *International Journal of Agricultural Sustainability*, vol. 7, n° 1, pp. 3-18.

CHAPITRE III

L'agroécologie : un nouveau paradigme pour l'élaboration du développement rural durable

Santiago Sarandón
et Claudia C. Flores

Introduction

À l'heure actuelle, l'objectif d'une agriculture « durable » qui réponde aux besoins des générations présentes et futures est indiscutable. Depuis 1987, lorsque le concept de développement durable a été officialisé par la Commission Mondiale sur l'Environnement et le Développement (CMMAD, 1988), la durabilité est devenue un objectif prioritaire de l'agenda politique international.

Cependant, cette nouvelle vision ne questionne pas forcément le paradigme du développement de la Révolution Verte centré sur une approche réductionniste et unidimensionnelle. Il se limite à quantifier les externalités négatives du développement rural conventionnel en accusant toujours "quelqu'un", et en nourrissant une foi extrême dans la technologie capable de résoudre les problèmes engendrés par cette approche (Sanchez de Puerta Trujillo, 2004).

L'agroécologie est apparu, principalement en Amérique latine, comme un paradigme qui dépasse celui la Révolution Verte et comme un objectif théorique et méthodologique qui vise, en mobilisant plusieurs disciplines scientifiques, à étudier l'activité agricole dans une perspective intégrant les dimensions écologique, économique et sociale. L'objectif de développement rural de l'agroécologie propose d'élaborer des actions sociales collectives à partir des expériences existantes issues des agricultures fondées sur des bases écologiques, dans le but de remplacer le modèle agricole industriel dominant par un autre qui vise à atteindre une agriculture socialement plus juste, économiquement plus viable et écologiquement plus appropriée.

Le but de ce chapitre est d'expliquer pourquoi il est nécessaire de changer le modèle de développement agricole en cours, et de discuter des forces et des faiblesses de l'agroécologie en tant que paradigme émergent pour parvenir à un développement rural durable en Amérique latine.

La non-durabilité de l'« Agriculture Moderne » : les impacts négatifs du modèle de développement de la Révolution Verte

Il est indéniable que le modèle de la Révolution Verte a permis un accroissement significatif de la production et de la productivité agricole. En Argentine, de 1989 à 2011, la production céréalière a augmenté de 60% alors que la zone agricole n'a augmenté seulement que de 24% (CASAFE, 2011). Cependant cela a été basé principalement sur l'augmentation des intrants, de l'énergie, des combustibles et de l'utilisation de variétés améliorées de cultures et d'animaux.

Cette intensification de l'utilisation d'intrants ainsi que la mauvaise utilisation de certaines technologies a provoqué des impacts négatifs à la fois sur les ressources des systèmes agricoles (endommageant leur capacité productive), sur les ressources globales ou d'autres systèmes (villes, rivières, lacs) et sur les personnes faisant partie intégrante de ces systèmes. Malgré les promesses d'une maîtrise totale des parasites qui ont surgi lors de l'utilisation des premiers pesticides, le recours aux insecticides et herbicides a augmenté ces dernières années, montrant une tendance inquiétante : en Argentine, leur consommation est passée de 73 millions kg/l en 1995 à 236 millions kg/l en 2005 (CASAFE, 2011). Même dans les pays industrialisés où leur utilisation a diminué, la toxicité des substances actives est entre 10 à 100 fois plus importante. Cela signifie que la quantité de produit libéré est toujours en augmentation (Mc Ginn, 2000).

Les conséquences de ce modèle d'agriculture sont nombreuses, et nous font douter de sa viabilité et de sa durabilité (Sarandón &Sarandón 1993) :

- Contamination des aliments, de l'eau, des sols et des personnes par l'usage de pesticides et de produits dérivés des fertilisants synthétiques (nitrates et de phosphore dans l'eau).
- Envasement des plans d'eau (sédiments), eutrophisation des réservoirs, et diminution des aquifères dans les zones irriguées.
- Perte de biodiversité, sous l'effet des produits agrochimiques et de l'homogénéisation des habitats.
- Contribution au réchauffement climatique de la planète et diminution de la couche d'ozone.
- Dépendance croissante aux combustibles fossiles et réduction de l'efficacité productive en termes énergétiques (de plus en plus d'énergie est nécessaire pour maintenir ou accroître la productivité des cultures).
- Perte de la capacité productive des sols, perte des nutriments, érosion, dégradation, salinisation et désertification des sols.
- Dépendance croissante des produits agrochimiques (insecticides, herbicides, fongicides, fertilisants)
- Développement de la résistance aux pesticides de certains parasites et agents pathogènes.
- Perte de variabilité génétique des principales cultures (érosion génétique).
- Remplacement des techniques de culture propres aux agriculteurs traditionnels par des technologies "modernes" supposées d'application universelle (érosion culturelle).
- Non-applicabilité du modèle à tous les agriculteurs, et non-résolution des problèmes de pauvreté rurale.

Ces deux derniers points sont ceux, qui de manière plus importante, ont été méprisés par l'approche conventionnelle du modèle dominant de l'agriculture, et restaurés ou valorisés par l'agroécologie. La mise en oeuvre d'une agriculture durable implique en effet une gestion écologiquement adéquate des ressources naturelles des agro-écosystèmes, et cette gestion coïncide souvent avec les pratiques agricoles mises en œuvre par ces producteurs (Altieri, 1991 ; Toledo, 1992 ; Gomez-Benito, 2001). Ces pratiques sont le produit de la co-évolution des agriculteurs avec le milieu, qui leur a donné une connaissance sur les ressources naturelles valorisées au sein des agroécosystèmes, et permis de l'appliquer dans la conception et la mise en œuvre de stratégies de production appropriées à la conservation des ressources. Ceci a été confirmé chez les viticulteurs de la zone Berisso (Abbona et al. 2007) et chez les horticulteurs familiaux de la zone de La Plata, Argentine (Gargoloff et al, 2007).

Toutefois, le manque d'intérêt et de reconnaissance pour des techniques culturales traditionnelles et pour leurs fondements écologiques et culturels ont longtemps provoqué leur remplacement par une « technologie moderne plus efficace », générant ainsi une importante érosion culturelle.

L'application du modèle de la Révolution Verte a conduit à l'exclusion des producteurs pauvres des pays en développement ne disposant pas d'un capital suffisant pour acheter des machines agricoles, des engrais et les pesticides nécessaires. La FAO a admis que, bien qu'ayant lourdement investi dans les dernières décennies pour la modernisation de l'agriculture en Amérique Latine, "les résultats de ces efforts ont été modestes, voire décevants" (IICA, 1999). De plus, elle a reconnu « *avoir commis la grave erreur de ne pas prioriser la production de technologies à faible coût plus appropriées au phénomène de la rareté du capital et aux contraintes matérielles et productives caractérisant la grande majorité des agriculteurs.*" (IICA, 1999). Elle a admis que le système de subventions et de crédits (pour que les producteurs accèdent à la technologie moderne), profite davantage au secteur financier, aux fabricants d'intrants et d'équipements qu'aux agriculteurs eux-mêmes.

En Argentine, on reconnaît que l'important développement technologique des dernières décennies s'est basé principalement sur l'utilisation des d'intrants et l'intensification du capital excluant le secteur des petits producteurs. « *La technologie développée n'a pas toujours répondu à la demande du secteur de l'agriculture familiale, considérée comme faisant partie d'un secteur social important en Argentine en raison de son rôle important dans la sécurité alimentaire, dans l'absorption de la main-d'œuvre agricole et dans la stabilisation des migrations rurales-urbaines* » (INTA, 2005).

Il est donc nécessaire d'analyser les causes qui ont conduit à cette situation, et qui peuvent selon nous se résumer à deux postures ou approches antagonistes. D'un côté, l'une soutient que ces problèmes ne sont que quelques dérèglements ou des erreurs dans l'application de la « bonne » technologie. Cette approche considère que le modèle actuel est adéquat (et même qu'il est le seul possible), et qu'il ne nécessite que quelques changements mineurs pour que les problématiques environnementales soient résolues. La solution sera trouvée grâce à la technologie actuelle ou celle développée dans le futur. La technologie, encore une fois, promet de "résoudre" les problèmes qu'elle a créés.

De l'autre, une approche plus approfondie, considère que le problème ne réside pas seulement dans les techniques appliquées, mais dans l'approche elle-même avec laquelle les systèmes de production agricole ont été abordés. Cette analyse questionne le modèle d'agriculture et les fondements philosophiques de la « Révolution Verte », qui visait à « résoudre le problème de la faim dans le monde » grâce à une augmentation de la productivité des cultures via le développement d'un germoplasme qui pourrait résister à de fortes doses d'engrais. L'idée sous-jacente était d'adapter l'environnement au génotype (par la voie des intrants) afin qu'il puisse exprimer tout son potentiel productif. La recherche et le développement de systèmes de production alimentaire ont été orientés vers la recherche de paquets technologiques généralisables et universels, sans tenir compte de l'hétérogénéité écologique et /ou culturelle des régions où ils s'appliquent (Altieri, 1985).

Certaines de ses caractéristiques principales sont (Sarandón, 2002) :

* La vision du milieu environnemental comme un objet extérieur à l'homme, inépuisable et conçu pour le satisfaire.

* La vision à court terme et productiviste avec laquelle a été abordée la production agricole moderne. Le rendement de quelques cultures comme synonyme incontestable de « succès », avec le milieu au service du potentiel de rendement du cultivar.

* Une vision atomisée et / ou réductrice du monde et de la méthode d'acquisition des connaissances, une connaissance insuffisante du fonctionnement des agro-écosystèmes, et une

priorité donnée à la connaissance des composants et pas à leurs interactions.
* Une confiance illimitée dans la technologie, et une faible capacité à percevoir l'épuisement ou la dégradation des ressources productives.
* Un déficit de formation des professionnels et des techniciens en agronomie en matière d'agriculture durable et de gestion des agro-écosystèmes.
* Une faible importance accordée à l'éthique dans la formation des professionnels et des techniciens.
* Un manque de conscience du coût environnemental dans l'évaluation du « succès » économique des activités agricoles.
* Un développement récent de méthodes pour évaluer la durabilité des pratiques agricoles, mais se heurtant à la difficulté d'évaluer cette durabilité.

Ce schéma réductionniste a dominé le développement des sciences agricoles. Près de 400 ans après que Descartes ait jeté les bases du rationalisme scientifique, cette approche est donc encore d'actualité (Sarandón et al. 2001), en particulier dans les établissements de recherche et les universités. Dans l'approche de la Révolution Verte, la nature est considérée comme une ressource inépuisable. Ce point de vue, résultant du mouvement culturel européen connu comme le Siècle des Lumières, considère l'homme "au-dessus et en dehors » de la nature qu'il prétend dominer et mettre à son service. Il ne reconnaît pas l'homme comme une composante de plus de la nature avec laquelle il doit coexister, ni le droit des autres espèces à leur subsistance. Bien que ce point de vue extrême de la nature inépuisable a été démontré comme étant une erreur, il imprègne toujours fortement de nombreux scientifiques et des politiciens qui ne veulent pas (ou ne peuvent pas) voir clairement la détérioration constante des ressources naturelles. Il est important de reconnaître que le développement et la promotion du modèle de la Révolution Verte, aujourd'hui si questionné, a été pratiqué sans une critique des universités nationales et des institutions publiques de recherche dans les pays d'Amérique Latine. Au contraire, à quelques exceptions près, ce sont ces institutions qui ont soutenu et promu ce modèle.

Le défi : mettre en oeuvre un Développement Durable

La diffusion par la Commission Brundtland du concept de développement durable comme étant « *celui qui permet la satisfaction des besoins des générations présentes sans compromettre la satisfaction des besoins des générations futures* » (CMMAD, 1988) a inauguré une nouvelle phase dans les relations intergénérationnelles. Bien que cette définition soit controversée et sévèrement critiquée pour sa conception « éco-techno-centrique » du développement (Alonso Mielgo & Sevilla Guzman, 1995), elle est intéressante car elle introduit un nouveau concept : celui de la solidarité avec les générations futures, celles qui ne sont pas encore nées.

En fonction de cet engagement, le développement rural durable exige un type d'agriculture qui permet de *maintenir, au fils du temps, un flux de biens et de services qui répondent aux besoins alimentaires, socio-économiques et culturels de la population, dans les limites biophysiques que définit le bon fonctionnement des systèmes naturels (agro-écosystèmes) sur lesquels il s'appuie* (Sarandón et al. 2006).

Cette définition implique de reconnaître, d'une part, que les agro-écosystèmes ont un rôle essentiel : ils ne font pas seulement que produire des biens mais, simultanément, fournissent des services : habitat, fonctions écologiques (le recyclage des nutriments, la régulation biotique, la séquestration du carbone, le contrôle de l'érosion, la détoxication de l'environnement), paysage, conservation de la biodiversité des plantes et des animaux. Autrement dit, il est nécessaire d'incorporer l'idée des usages multiples du territoire et le concept de multifonctionnalité de l'agriculture. Cela implique un changement majeur dans la conception classique (encore dominante) des agro-écosystèmes comme étant des zones consacrées presque exclusivement à la production d'aliments, de fibres et d'énergie (biocarburants), tandis que le « monde naturel » conserve la biodiversité et d'autres attributs ou fonctions de l'écosystème (Sarandón, 2009).

D'autre part, ce concept de durabilité suppose la reconnaissance du fait que la satisfaction des besoins est (ou devrait être) conditionnée par les limites biophysiques des systèmes naturels sur lesquels elle repose (si nous voulons préserver les ressources naturelles). Autrement dit, chaque agro-écosystème a des caractéristiques propres : le sol, le climat, la biodiversité, la topographie, la disponibilité en eau, etc., qui définissent ou déterminent sa capacité de production, son potentiel (selon la qualité de ses ressources naturelles) et ce qu'on associe au concept écologique de "capacité de charge ». L'idée qu'il existe une limite à la satisfaction de nos besoins en tant que devoir éthique envers les générations futures est peut-être l'un des aspects les moins compris et les plus difficiles à accepter de ce concept (Sarandón, 2009).

En plus d'être écologiquement adéquate, une production agricole durable doit permettre la production d'aliments et de services à un niveau suffisant et en accord avec les intérêts économiques et socioculturels du producteur. Ces derniers aspects ont acquis une importance particulière en Amérique Latine en raison des caractéristiques des agriculteurs locaux : une grande diversité et richesse culturelle, mais généralement dans des zones marginales de mauvaise qualité, pauvres financièrement et limitées en ressources.

Face à l'analyse de la complexité de ce défi et au caractère multidimensionnel de ses objectifs, une question se pose immédiatement : est-il possible d'atteindre des objectifs avec la même approche que celle qui est à l'origine des problèmes que l'on cherche à résoudre ? Nous pensons que non, et que le développement de cette nouvelle agriculture exige un profond changement dans l'approche des agro-écosystèmes : une plus grande et meilleure connaissance de ses composantes et de leurs interactions. Nous considérons que l'agroécologie comme science et démarche porte ce changement de paradigme.

L'agroécologie, un paradigme émergent pour la mise en oeuvre d'une agriculture durable

À partir des années soixante-dix s'est développée une nouvelle approche de l'étude de l'agriculture à travers une perspective plus large : l'agroécologie. Cette approche est née principalement en Amérique Latine en réponse à la crise environnementale et sociale générée par le « développementalisme ». Dans cette perspective historique, il est important de souligner le rôle joué par les organisations non gouvernementales (ONG). En 1989, onze ONG réparties sur huit pays d'Amérique Latine ont créé le Consortium

Latino-américain sur l'agroécologie et le Développement (CLADES) comme une « *force organique qui permet de recueillir les expériences agroécologiques de quasiment toute l'Amérique Latine*" (CLADES, 1991). Ce consortium d'ONG, conseillé par Miguel Altieri, a joué un rôle central dans la genèse et la diffusion de l'agroécologie en Amérique Latine. Dans l'éditorial du premier numéro de leur Revue Agroécologia y Derarollo (1991), ils soulignent la nécessité de mettre l'expérience accumulée, même éparpillée et non-systématisée sur la gestion écologique des ressources productives de la petite exploitation paysanne, au service des institutions chargées de promouvoir le développement rural et d'établir des politiques visant à harmoniser la protection de l'environnement avec les exigences du développement. D'une certaine manière, ceci explique les caractéristiques et les particularités de cette approche en Amérique Latine et les différences avec les mouvements écologistes en Europe, où l'accent est mis davantage sur la qualité de la nourriture (sans contaminants) et l'impact environnemental, plutôt que sur un modèle accessible aux agriculteurs sans ressources.

Il est important de souligner que ce ne sont ni les universités, ni les instituts de recherche nationaux des pays d'Amérique Latine qui ont « découvert », promut cette nouvelle approche et l'ont systématisée en un corpus théorique. Ce sont les ONG, qui, en travaillant avec ces agriculteurs, se sont rendu compte que les connaissances et la formation des agronomes n'étaient pas en adéquation avec la réalité de la plupart des agriculteurs de nos pays. Le rôle important des universités, et leur "dette" en ce sens, ont été soulignés par le CLADES (1991), affirmant « *qu'il serait tout aussi important d'encourager les universités latino-américaines aux efforts de recherche sur les défis technologiques que de jouer un rôle plus actif dans la formation des professionnels pour une prise de conscience sociale et écologique*".

L'agroécologie se matérialise à partir d'un ensemble de connaissances, de techniques et de savoirs qui intègrent les principes écologiques et les valeurs culturelles aux pratiques agricoles qui, au fil du temps, ont été "dé-écologisés" ou "déculturés" par la capitalisation et la technicisation de l'agriculture. L'agroécologie appelle à un dialogue des savoirs et à l'échange d'expériences, à une hybridation des sciences et des techniques, afin de promouvoir les capacités des agriculteurs. Elle appelle également à une interdisciplinarité pour articuler des connaissances écologiques et anthropologiques, économiques et technologiques, qui convergent dans la dynamique des agro-écosystèmes (Leff, 2002). Par conséquent, plutôt qu'une discipline spécifique, l'agroécologie est constituée d'un champ de connaissances rassemblant diverses théories ou avancées scientifiques provenant de différentes disciplines ayant contribué à en constituer l'actuel corpus théorique et méthodologique (Guzman et al, 2000).

L'agroécologie pourrait dès lors être définie ou être comprise comme « *un nouveau champ de connaissances, une approche, une discipline scientifique qui rassemble, intègre et applique des connaissances de l'agronomie, de l'écologie, de la sociologie, de l'ethnobotanique et d'autres sciences associées, dans une perspective holistique et systémique, avec une forte composante éthique pour générer des connaissances, valider et mettre en oeuvre des stratégies appropriées pour concevoir, gérer et évaluer des agro-écosystèmes durables* " (Sarandón, 2002). Un des aspects centraux de l'agroécologie est son approche systémique et holistique. Le système est vu comme un « *arrangement d'éléments physiques, un ensemble ou une collection de choses liées ou associées, de sorte qu'elles forment et agissent comme une unité, une entité ou un tout* » (Becht, 1974). L'agroécologie adopte l'agroécosystème (compris comme un système modifié par l'homme pour produire des fibres, de la nourriture ou autre bien) comme unité d'analyse. Elle cherche son optimisation et non pas la maximisation de la production d'un composant particulier et s'attache à ne pas être dirigée seulement par la productivité (Altieri et Nicholls, 1999). Elle vise non seulement à évaluer l'état des agro-écosystèmes, mais aussi à proposer des stratégies pour augmenter leur durabilité (Altieri, 1995 ; Guzman et al. 2000). L'objectif des agronomes n'est ni plus ni moins que d'intervenir dans les écosystèmes pour qu'ils produisent certains biens économiques plutôt que ceux qu'ils produiraient naturellement, sans intervention humaine. Comme l'a souligné Toledo (1994), « t*oute la production rurale implique finalement une appropriation des écosystèmes, c'est-à-dire de l'ensemble ou des assemblages physico-biologiques doués d'un équilibre dynamique, et que dans* *cette appropriation, les espèces, les matériaux ou les énergies exploités ne sont pas de simples éléments de l'écosystème* ».

Le passage à une vision systémique est donc fondamental. Il implique une plus grande connaissance du rôle que chaque composant a sur la production agricole. Par conséquent, cela implique que les systèmes agroécologiques soient considérés comme des systèmes écologiques associés à des variables socio-économiques ayant pour objectif une production d'utilité économique. D'autre part, l'approche holistique ou généraliste suppose de reconnaître, comme indiqué par Lugo et Morris (1982) « *qu'il est impossible d'interpréter le comportement d'un système donné uniquement en se basant sur les études du comportement des parties qui le composent* ». Une des contributions importantes de l'agroécologie fut ainsi d'introduire les aspects sociaux comme des variables explicatives de l'analyse et de la conception de programmes de développement rural (Altieri, 1995). L'agro-écologie donne à comprendre que c'est l'homme qui décide de changer les écosystèmes naturels pour les transformer en agro-écosystèmes. Contrairement aux écosystèmes naturels dont la structure et le fonctionnement sont des produits des conditions environnementales, il existe une co-évolution entre les agro-écosystèmes et les agriculteurs qui détermine la distribution et l'agencement dans l'espace et dans le temps des composants du système. Les sciences sociales, qui avaient été reléguées à un rôle secondaire par de nombreux agronomes (et par les facultés d'agronomie) retrouvent ainsi, avec l'agroécologie, un rôle central dans l'analyse, la gestion et la conception des agro-écosystèmes durables.

Une des différences de l'agroécologie avec l'approche de l'agriculture intensive est la recherche de solutions en adéquation avec les besoins et les aspirations des communautés, comme avec les conditions biophysiques et socio-économiques existantes. Par conséquent, les propositions sont souvent valables pour des situations locales et particulières. Un autre élément que l'agroécologie intègre dans son approche est la revalorisation du savoir-faire paysan, le savoir des paysans venant d'une diversité culturelle qui a co-évoluée avec les conditions naturelles. Il est donc nécessaire de lui donner une place dans le développement technico-scientifique (Altieri, 1995).

En bref, « *l'agroécologie se base sur une approche scientifique dans la mesure où ce domaine de connaissances se nourrit d'autres disciplines scientifiques, ainsi que des savoirs, connaissances et des expériences des agriculteurs eux-mêmes, ce qui permet la mise en place d'un cadre conceptuel, méthodologique et stratégique plus apte pour guider la conception et la gestion des agro-écosystèmes durables, ainsi que des processus de développement rural durable* » (Caporal & Costabeber, 2004a). Elle est basée sur une approche systémique ; une perspective holistique ; une vision pluridisciplinaire, en partant du fait que les systèmes ne peuvent être connus que grâce à la vision qu'apportent différents domaines de connaissances et à une action participative dans laquelle les agriculteurs sont des acteurs et non pas seulement des objets de recherche (Guzman et al, 2000).

Qu'est-ce que n'est pas l'agroécologie ? Confusions sur le sens de l'agroécologie en tant que science

La rapide diffusion et acceptation du terme agroécologie est un résultat positif, mais il a de fait souvent été utilisé avec des significations différentes. Cela a rendu la communication extrêmement difficile et a généré beaucoup de confusion (Encadré 1).

* Ce n'est pas un « style » d'agriculture (biologique, biodynamique, naturelle ou la permaculture). * Ce n'est pas seulement une série de techniques ou de « recettes écologiques ». * Ce n'est pas seulement applicable à certains types d'agriculteurs : marginaux, à petite échelle ou avec peu de ressources. * Ce n'est pas « aucune utilisation d'intrants chimiques" (pesticides, engrais). Il n'y a pas d'interdiction, ni de normes. * Ce n'est pas un « retour vers le passé » ou vers des technologies « préhistoriques ». * Ce n'est pas renier la science ou la technologie moderne. * Cela ne signifie pas une « non-intervention » sur les agro-écosystèmes, en gardant tout « naturel ».

Encadré 1 : Ce que n'est pas l'agroécologie et autres idées fausses

La confusion la plus commune est de présenter l'agroécologie seulement comme un style d'agriculture, une série de recettes ou de normes qui interdisent certains produits ou pratiques. Le terme est utilisé presque comme un équivalent de l'agriculture biologique, de la biodynamie, de la permaculture, de l'agriculture écologique. Cette confusion est vraisemblablement associée au fait que l'agroécologie en tant que science, cherche à comprendre et à évaluer l'impact de l'application de certains produits comme les pesticides, du point de vue environnemental, écologique, sanitaire et économique. Elle souligne donc les inconvénients de l'utilisation d'intrants (surtout pour les agriculteurs sans ressources) et suggère la possibilité de les remplacer par des fonctions écosystémiques. Dans ce sens restreint du terme, il est habituel de rencontrer des phrases équivoques comme: "l'agroécologie est moins rentable ou moins productive que l'agriculture conventionnelle." Avec cette idée, ce qui est recherché est de décrire les systèmes conçus dans le cadre de l'agroécologie comme étant moins... ou plus... En considérant l'agroécologie comme un style d'agriculture, vient aussi l'idée que c'est un ensemble de techniques ou de recettes, ou qu'elle interdit l'utilisation de produits agrochimiques.

Il est nécessaire de faire la distinction entre un type d'agriculture basé sur les principes de l'agroécologie (dans de nombreux textes on parle d'agriculture de base écologique) et les styles d'agricultures alternatives qui, par leur dénomination présupposent l'utilisation de techniques et /ou processus qui semblent répondre à certaines exigences environnementales ou sociales, mais qui ne sont pas nécessairement issus des orientations plus larges nées des principes de l'agroécologie (Caporal & Costabeber, 2004a). Un exemple serait l'agriculture biologique ou écologique, qui se limite à l'absence d'utilisation de pesticides ou d'engrais chimiques de synthèse dans son processus de production pour répondre aux exigences de certification, mais qui, par exemple, n'est pas concernée par le maintien de la diversité biologique et culturelle. Cette agriculture essaie de remplacer des intrants conventionnels par des intrants écologiques ou organiques, souvent pour pouvoir s'insérer sur des marchés « d'élite » où les prix des produits considérés comme plus sains sont plus élevé.. Mais cette agriculture couvrira difficilement l'ensemble des principes issus de l'agroécologie.

Beaucoup de questions relatives aux destinataires de l'agroécologie peuvent alors être formulées : Quel est le domaine d'action de l'agroécologie? Pour quels types d'agriculteurs est-elle nécessaire? Est-elle destinée seulement aux petits agriculteurs, aux paysans marginaux, pauvres en ressources, ou à tous ? Est-il possible, par exemple, d'étendre son utilisation dans les systèmes extensifs de climat tempéré, comme ceux de la Pampa?

Si nous considérons l'agroécologie comme l'approche ou comme la discipline scientifique qui permet la conception, la gestion et l'évaluation des agro-écosystèmes durables (Altieri, 1987), et si nous comprenons la durabilité, au sens large, comme un engagement éthique envers les générations présentes et futures, alors tous les agriculteurs pourraient appliquer cette approche. L'idée de la portée limitée de l'agroécologie provient peut-être du fait qu'en Amérique Latine, l'agroécologie a récupéré et mis en valeur les savoirs paysans et démontré la validité des principes écologiques qui sous-tendent ces pratiques, la « rationalité écologique ». Cela a conduit à l'idée fausse que l'agroécologie est seulement une série de recettes qui fonctionnent bien dans les systèmes de production marginaux, sur des petites surfaces, avec des ressources limitées, ou dans les cas où la finalité est l'autosuffisance alimentaire, mais qui ne peut pas s'appliquer à des systèmes de production extensifs et/ou de production plus technologiques. Le fait que les exemples utilisés dans la littérature agroécologique appartiennent à un type particulier de systèmes de production ne signifie pas que seuls ces systèmes fonctionnent sur les bases de l'agroécologie. Les principes agroécologiques sont adaptés à la conception et à la gestion de tout agro-écosystème, y compris des systèmes extensifs, comme le soulignent Sarandon & Sarandon (1996).

Principales caractéristiques de l'approche agroécologique

L'agroécologie doit être considérée comme une nouvelle approche, plus large, qui remplace la conception purement technique et qui intègre la relation entre l'agriculture et l'environnement global ainsi que les dimensions culturelles, sociales, économiques, politiques et éthiques. La durabilité doit être vue, étudiée et proposée comme une recherche permanente de nouveaux points d'équilibre entre ces différentes dimensions qui peuvent entrer en conflit les unes avec les autres dans des situations concrètes (Caporal & Costabeber, 2004b). L'agro-écologie considère que les systèmes agricoles devraient être perçus comme des écosystèmes complexes, avec des limites larges, tenant compte des effets environnementaux produits par les pratiques agricoles et intégrant les coûts environnementaux et sociaux dans l'équation économique de la production.

Du point de vue écologique, l'agroécologie cherche le maintien et la restauration des ressources naturelles au niveau local, régional et global, avec une approche holistique et systémique qui portent l'attention sur toutes les composantes et sur les interactions des agro-écosystèmes susceptibles d'être altérés par l'action humaine. L'agroécologie propose ainsi une gestion des agro-écosystèmes qui cherche (Sarandón et Sarandón, 1993) :

* Une production efficace et rentable à long terme (tenant compte du coût écologique) afin de promouvoir la conservation des ressources en sol, en eau, en énergie et ressources biologiques
* Une diminution des risques dus aux fluctuations environnementales (biotiques et abiotiques) ou du marché, avec une plus grande stabilité dans le temps
* Une utilisation ou une dégradation des ressources naturelles renouvelables à un rythme inférieur ou égal à celui de leur renouvellement
* Une utilisation ou l'exploitation des ressources non-renouvelables à un rythme inférieur ou égal à celui du développement de technologies alternatives
* Une émission de déchets similaire ou inférieure à la capacité d'assimilation de l'environnement
* Une augmentation de la biodiversité fonctionnelle des systèmes de production, et une meilleure valorisation des processus naturels dans la production agricole (recyclage des matières organiques et des nutriments, fixation d'azote, et relations prédateur /proie)
* Une réduction de la dépendance aux apports extérieurs (combustibles fossiles, des pesticides, engrais synthétiques, etc.).
* Une utilisation plus efficace de l'énergie (principalement fossile).

* Une élimination ou réduction du dommage causé à l'environnement, à d'autres espèces et / ou à la santé des agriculteurs et des consommateurs.
* Un ajustement des systèmes de culture à la productivité potentielle et aux limites physiques, économiques et socioculturelles des agro-écosystèmes.

Sur le plan social, l'agroécologie cherche davantage d'équité intra et inter générationnelle. Cela signifie une meilleure répartition de la production (et des coûts) entre les bénéficiaires des générations actuelles, sans compromettre l'assurance de la subsistance des générations futures. La dimension sociale comprend aussi la recherche d'aliments sains pour assurer une meilleure qualité de vie de la population. D'autres aspects associés à la dimension sociale de l'agroécologie sont liés à la sécurité et souveraineté alimentaire et au progrès vers la construction de formes d'action collective que renforcent le développement et le maintien du capital social.

Sur le plan **économique,** l'agroécologie cherche à obtenir des résultats à travers la réalisation d'un revenu qui réponde aux besoins économiques du producteur et la réduction des risques dus à la dépendance aux marchés, des intrants ou de la faible diversification des produits. Dans cette évaluation économique, on devrait prendre en compte l'ensemble des coûts et pas seulement ceux qui peuvent être exprimés en unités monétaires.

Sur le plan culturel, l'agroécologie considère que l'intervention sur les agro-écosystèmes doit respecter les savoirs et les valeurs locales des populations rurales, et que ces savoirs doivent être compris et utilisés comme point de départ pour des propositions de développement rural. L'appréciation des connaissances locales dans les processus de production de connaissances est opposée à l'idée dominante que l'on pourrait développer un seul type d'agriculture (la « meilleure »), indépendamment des spécificités écologiques, sociales et culturelles de chaque agro système.

La perspective ou dimension politique amène à prendre en compte les « *processus participatifs et démocratiques qui se développent dans le contexte de la production agricole et du développement rural, comme les réseaux d'organisation sociale et de représentations des différents segments de la population rurale* » (Caporal & Costabeber, 2004b). Il n'y a pas de doute qu'au niveau régional, national ou supranational, il est impossible de penser un nouveau modèle d'agriculture sans une volonté politique pour y parvenir.

La dimension éthique (inséparable de la notion de durabilité) souligne enfin la nécessité de créer un nouveau lien moral impliquant le respect et la préservation de l'environnement, non seulement pour les générations actuelles mais pour générations futures. Les professionnels de l'agronomie doivent comprendre qu'outre la question du comment faire, ils devront poser celle du pourquoi et pour qui il est nécessaire de la faire. À cet égard, il sera nécessaire de créer de nouvelles valeurs qui permettent de réduire, dans les pays les plus riches, la consommation excessive, la pollution environnementale causée par des modes de vie qui dévastent l'environnement, et dans les pays pauvres, la restauration de la citoyenneté et de la dignité humaine, la lutte contre la misère et la faim et l'élimination de la pauvreté et de son impact sur l'environnement.

Les défis à venir : la formation professionnelle et la recherche pour la réalisation d'une agriculture durable

En général, les établissements professionnels de l'enseignement agricole ont formé les professionnels sur le modèle productiviste et à court terme promu par la Révolution Verte. Cependant, il y a maintenant une prise de conscience croissante de la non-durabilité de ce modèle agricole dans lequel nous avons formé presque tous les professionnels des sciences agricoles.

On reconnaît qu'en général « l*es experts ont du mal à évaluer correctement les impacts plus larges des systèmes de production, en raison de l'accent excessif mis sur une éducation et une formation hautement spécialisées* » (Altieri et Francis, 1992). Et que « l*a formation professionnelle traditionnelle dans les sciences agricoles ne contribue pas à former un acteur qui, dans l'exercice de sa profession, doit gérer de nombreuses variables, complexes pour beaucoup d'entre elles* », car « *l'accent sur les techniques de production a entraîné la formation d'un professionnel sévèrement limité dans la promotion du développement durable* » (Viñas Román, 1999).

Il est nécessaire de « *mettre davantage l'accent sur la formation des techniciens et des professionnels en agronomie, en relation avec la thématique de la durabilité de l'agriculture*" (INTA, 1991). La formation de ce nouveau professionnel est donc une condition indispensable pour le développement de l'agriculture (de Melo Araujo, 1999). Il est nécessaire de former un professionnel ayant une pensée critique ainsi qu'une vision holistique et systémique, avec une forte dimension éthique, qui permette de passer d'un objectif productiviste à court terme à un objectif durable à long terme : écologiquement plus adéquat, économiquement viable et socialement plus juste (Sarandón 2002). Cela exige un changement de la pensée simpliste, réductionniste et mécaniste en une pensée de la complexité qui permette de relever le défi environnemental (Leff, 1994). Le changement de profil professionnel doit impliquer non seulement les aspects cognitifs mais aussi éthiques, conceptuels et de postures.

La formation d'un professionnel possédant ces caractéristiques exige une évolution profonde des programmes et des méthodes d'enseignement des établissements d'Enseignement Agricole Supérieur. Cependant, dans ces institutions, « *il y a encore des modèles d'enseignement basés sur une rationalité techniciste où prédominent les vues fragmentaires et réductrices de la réalité, qui méconnaissent les développements précurseurs tels que ceux issus de l'approche des systèmes dans une perspective agroécologique* » (Sarandón et al., 2001). Comme l'a reconnu Viñas Román (1999), « *la multidimensionnalité du développement durable pose la nécessité d'une vision renouvelée de l'agriculture qui imprègne entièrement les propositions de cursus* ".

Former un professionnel de l'agronomie capable d'atteindre ces objectifs exige plus que la simple addition de nouveaux contenus "écologiques" au curriculum professionnels (Leff, 1994 ; Sarandón, 2002). L'incorporation de la question de la gestion durable des agro-écosystèmes implique un nouveau paradigme, une nouvelle conception de la relation de l'homme avec la nature, une nouvelle façon de comprendre, de regarder et de faire de la recherche.

L'agroécologie présente ainsi des différences substantielles avec le paradigme productiviste de l'agriculture conventionnelle, tant dans son approche que dans ses objectifs. Les caractéristiques du paradigme agroécologique peuvent être résumées ainsi (Sarandon & Sarandon, 1993) :

* Il postule qu'il y a plusieurs façons de faire de l'agriculture.

* Il pose des objectifs à long terme.

* Il est destiné à la durabilité, dépassant la poursuite du simple rendement.

* Il met l'accent sur l'agro-écosystème et les systèmes associés. Il cherche à comprendre les interrelations des composantes des agro-écosystèmes.

* Il cherche à concevoir des systèmes basés principalement sur les technologies de processus (fonctions écologiques) plutôt que sur une technologie dépendante des intrants.

* Il reconnaît la connaissance scientifique ainsi que d'autres types de connaissances, et est donc pluri-épistémologique.

* Il prône un usage multiple du territoire : habitat, conservation de la biodiversité, le paysage, services écologiques, et donc pas seulement avec des fins de production.

* Il considère que le local est fondamental, mettant en avant le potentiel endogène.

* Il revalorise les aspects socioculturels. Il intègre dans l'analyse, explicitement ou implicitement, le coût environnemental et/ou social. Il comprend la nécessité d'impliquer les agriculteurs dans la production de technologies.

* Il comprend la biodiversité dans son sens large, dans ses aspects fonctionnels et structurels dans les agro-écosystèmes qui fournissent des biens et services, et pas seulement comme une source de gènes.

Cette approche est sensiblement différente de l'approche dominante. Elle peut donc être considérée comme un nouveau paradigme caractérisé essentiellement par une vision holistique et systémique de la production agricole et tenant compte des dimensions productive, écologique, économique et sociale, dans une optique interdisciplinaire, tout en reconnaissant l'éthique comme une valeur fondamentale pour atteindre la durabilité.

La complexité du défi exige d'intégrer aux formations différents aspects et les objectifs (Sarandón, 2010) :

a) **Éthiques** : La durabilité comme concept implique notre engagement envers les générations futures (et actuelles), et envers les petits agriculteurs, familiaux, qui ont été déplacés ou ignorés.

b) **Cognitifs** : Cela nécessite une meilleure compréhension du fonctionnement des agro-écosystèmes et des interrelations entre ses composants, ainsi que de l'impact de différentes gestions sur ces relations et sur les flux et services écologiques. Les agro-écosystèmes doivent être compris comme des systèmes écologiques en étroite interdépendance avec les facteurs socio-économiques et culturels.

c) **Conceptuels** : Il est nécessaire de développer une approche holistique et systémique, intégrant les coûts environnementaux en suivant les objectifs sur le long terme. Il ne s'agit pas d'expliquer ce qu'est un système ou « énoncer » ses propriétés et ses composantes, mais de le penser de manière systémique, d'incorporer cette approche comme un outil d'analyse (Sarandón, 2009).

d) **Postures** : Il est important de développer une forte pensée critique et la capacité à intégrer des équipes interdisciplinaires. À une époque où l'information est abondante et facilement accessible, il est indispensable d'améliorer la capacité d'analyse, pour pouvoir sélectionner le plus adéquate et rejeter ce qui est inapproprié, en fonction des caractéristiques socioculturelles et les limites agroécologiques des agriculteurs avec lesquels nous travaillons. D'autre part, la complexité des agro-écosystèmes et la nécessité de concilier des objectifs socioculturels, économiques et environnementaux rend indispensable l'intégration des équipes interdisciplinaires pour relever le défi.

Réussir l'introduction de l'approche agroécologique dans les universités n'est pas une tâche facile, car elle exige que l'institution reconnaisse que le profil professionnel actuel doit être revu et modifié (voir le tableau 5.1.). D'autre part, ce changement implique une redéfinition et complexification des universités qui, pour la plupart, ont adopté le paradigme de la simplification et la spécialisation (Riojas, 2000).

Tableau 5.1. Les principales difficultés pour l'intégration de l'agro-écologie dans les établissements d'enseignement agricole (Sarandón et Hang, 1995).

* La sensibilisation naissante à l'impact environnemental et social de l'agriculture moderne. * L'éthique : encore trop peu perceptible dans la formation professionnelle ou technique. * La faible perception du rôle que le professionnel de l'agriculture doit jouer dans la gestion durable des ressources (agro-écosystèmes). * La résistance au changement, propres aux enseignants formés dans l'ancien paradigme. L'incertitude sur le rôle qu'ils occuperont dans le nouveau scénario. * L'insuffisante masse critique des enseignants formés aux approches holistique et systémique. * Le manque de reconnaissance académique de tout ce qui est lié à l'agroécologie ou aux agricultures alternatives. * La suprématie de la technologie dépendante d'intrants associés à des rendements plus élevés, considérée aujourd'hui comme le paradigme dominant. * La plus grande facilité à aborder les problèmes à partir d'une seule discipline (approche réductionniste).

Un aspect pédagogique qui doit être pris en compte est enfin celui d'établir l'agroécologie en tant que matière incluant non seulement de nombreux champs de connaissances, mais aussi des changements de postures et d'approche. L'un des principaux problèmes rencontrés lors de son introduction dans les universités concerne la formation du corps enseignant. Les enseignants devront posséder de solides connaissances, mais aussi et peut-être plus important encore, avoir une vision systémique et holistique. Comme l'ont signalé Medina et Conceição Santos (2002), l'introduction de la dimension environnementale (et socio-culturelle) dans le système éducatif a besoin d'un nouveau modèle d'enseignant : la formation est la clé du changement proposé. Par conséquent, toute tentative d'intégrer cette approche dans les universités doit prévoir la formation d'un noyau d'enseignants spécialement formés.

La recherche en agroécologie

L'émergence du champ de l'agroécologie génère une discussion intéressante sur le rôle que la recherche scientifique peut jouer dans le développement d'un nouveau modèle d'agriculture. Il ne fait aucun doute que la recherche « scientifique » appliquée à l'agriculture a, au cours des 50 dernières années, été déterminante pour les technologies développées pour la gestion des agro-écosystèmes. Son application a produit une agriculture « moderne », hautement mécanisée, avec une utilisation élevée d'intrants (agrochimiques et des carburants), avec une haute productivité par unité de surface et apparemment très « rentable », mais non-durable. Il est intéressant d'analyser pourquoi cela s'est produit. Est-ce le résultat d'une mauvaise application de la « bonne » technologie ? Où est ce que la technologie développée par cette approche prédominante s'est-elle révélée non satisfaisante ? Est-il possible que 50 ans de « bonne science » aient abouti à une « mauvaise technologie » ?

Il est indéniable qu'une science réductionniste fondée sur le développement technologique "moderne" ou "de pointe" n'a pas prêté beaucoup d'attention à l'étude des processus et des interrelations entre les composantes des systèmes agricoles (Sarandón et Hang, 2002). En ce sens, on peut se poser une série de questions relatives à la recherche dans le domaine de l'agroécologie :

* Concernent-elles les mêmes chercheurs et les mêmes institutions que le modèle dominant ?

* Peut-on se servir des méthodologies conçues et couramment utilisées par la recherche classique, ou est-il nécessaire de développer une méthodologie *ad hoc ?*

* Des changements substantiels dans les thèmes qui seront étudiés sont-ils requis ? Ou doit-on aborder les mêmes thèmes mais sous une autre approche ?

* Faut-il garder la même structure des systèmes technico-scientifico-académiques ?

* Les systèmes d'évaluation des chercheurs actuellement en usage sont-ils adéquats ?

* Quel est le rôle des chercheurs des universités et des institutions de recherche agricole, des techniciens professionnels « de terrain » et des agriculteurs?

D'autres questions surgissent encore : Sur quoi doit porter la recherche? Comment faire de la recherche ? Qui doivent ou peuvent faire de la recherche ? À qui et à quoi doit servir la recherche ?

Bien que l'analyse de ces questions dépasse le cadre de ce chapitre, il est important de les relayer et de contribuer à là discussion qu'elles ouvrent. La réponse à la question « Sur quoi doit porter la recherche ? » va dépendre tout d'abord de la perception que l'on a des besoins à résoudre, des problèmes à aborder. Qu'est ce qui limite notre capacité à diagnostiquer, à concevoir et à gérer des systèmes plus durables? Quel est le manque de connaissances sur leur fonctionnement, et la validation des technologies ? Autrement dit, existe-t-il toute l'information de base nécessaire, ou au contraire de nombreux aspects des connaissances de base n'ont -ils pas été pris en compte par la recherche conventionnelle ? Bien que les deux soient sans doute nécessaires, le développement d'une science trop réductionniste et de court terme et excessivement disciplinaire, a empêché la formulation de nombreuses questions fondamentales qui émergent et révèlent notre ignorance sur le fonctionnement des agro-écosystèmes, ainsi que sur le rôle des interactions de plusieurs de leurs composants.

Comment faire de la recherche ?

Cette question mérite une attention particulière. Contrairement à de nombreuses disciplines scientifiques qui sont reconnues et distinguées par l'objet de recherche, comme la physiologie végétale, la pédologie, la zoologie, etc., l'agroécologie prétend se différencier par sa façon de faire de la recherche. Le « quoi », l'objet de recherche, est important ; mais le « comment » l'est aussi. Cela pose un problème supplémentaire pour identifier les recherches dites agroécologiques, et les distinguer de celles liées à d'autres domaines de connaissances ou d'autres disciplines. Les caractéristiques d'une recherche agroécologique résident dans l'énoncé du problème à résoudre (l'angle d'attaque du problème) et dans l'analyse de la portée des résultats, plutôt que dans la méthodologie elle-même. Avec une approche réductionniste, productiviste et à court terme, l'interprétation des résultats aura ces caractéristiques. Mais l'analyse de ces résultats, à la lumière d'une approche beaucoup plus large, sera extrêmement enrichissante (Sarandón et Hang, 2002).

Bien que les champs des agriculteurs soient devenus les terrains privilégiés des recherches en l'agroécologie, en tant qu'études de cas par leur complexité inhérente, on ne doit pas exclure son application dans les parcelles expérimentales ou même dans les laboratoires. Il en va de même pour la recherche participative : bien qu'elle représente une avancée dans certains cas, l'implication des agriculteurs dans la recherche n'est pas toujours la méthode la plus appropriée. Tout dépendra de la façon dont la question a été formulée, car c'est justement cette formulation qui peut être du ressort de l'agroécologie ou non. Parfois, il est moins important de donner de nouvelles réponses à des vieilles questions, que de pouvoir formuler des nouvelles questions pour résoudre des problèmes. C'est ce qui définit et caractérise les nouveaux paradigmes. Et en quelques sortes, l'agroécologie se construit ainsi : un nouveau paradigme, un nouvel angle d'où regarder les faits, une nouvelle approche.

À qui et à quoi doit donc servir la recherche scientifique ? Là encore, la réponse dépendra du paradigme dans lequel on travaille. Comme je l'ai énoncé dans ce chapitre, il est reconnu que le modèle d'agriculture développé aujourd'hui exclut une grande partie des agriculteurs de notre pays : les agriculteurs familiaux (INTA, 2005). Il est donc temps d'introduire cette forme d'agriculture dans les programmes de recherche, tout au moins dans ceux des institutions nationales comme l'INTA et les universités.

Qui devrait, ou qui pourrait faire de la recherche ? Selon nous, toutes les parties prenantes peuvent être impliquées : les chercheurs de l'Université, les agents de développement, les techniciens de « terrain », les membres des ONG et les agriculteurs. Chacun devra chercher la méthode la plus appropriée pour acquérir des connaissances ou pouvoir formuler les bonnes questions sur la réalité dans laquelle il est immergé. De cette façon, il s'agirait d'améliorer une relation parfois mal articulée, à savoir celle entre la recherche et le développement, si longtemps séparés.

Nous avons donc souligné brièvement certains aspects du débat sur la recherche agroécologique et soulevé la nécessité de s'y affronter. Cependant, il reste plusieurs difficultés dans le développement et la diffusion de la recherche agroécologique dans les universités et les instituts de recherche nationaux (voir tableau 2).

Tableau 2 : Principales difficultés dans le développement de la recherche en agroécologie dans les institutions de recherche agricole (Sarandón et Hang, 1995) :

* Le nombre insuffisant de chercheurs formés dans une approche appropriée, holistique et systémique * Les thèmes de recherche ne proviennent pas toujours d'un problème réel, mais souvent de l'interprétation des problèmes faite par les chercheurs * L'influence et l'interaction des facteurs culturels, socio-économiques, écologiques, etc., ne sont pas prises en compte, au bénéfice des facteurs biologiques et productifs * On ne mesure pas les conséquences de l'application de la technologie * Généralement l'objectif de la recherche oublie la résolution d'un problème spécifique, au détriment du prestige scientifique ou de la reconnaissance de ses pairs ou de l'institution. Le succès de la recherche (et du chercheur) est mesuré par le nombre et la « qualité » des publications, et non par le degré de solution apporté au problème ni de son adoption par des agriculteurs. * On ne reconnaît pas la possibilité d'un savoir des agriculteurs qui, bien que différent de la connaissance scientifique et occidentale, leur permet de comprendre la réalité * Difficulté des agents de développement ou des techniciens qui travaillent sur le terrain pour faire des diagnostics précis. Ils "décrivent" des expériences, mais il y a peu « d'analyse » pour se poser les bonnes questions et obtenir les bonnes réponses. Il n'y a de même pas assez de systématisation efficace des expériences.

Pour parvenir à une agriculture plus durable, il conviendrait donc former des chercheurs et techniciens avec une approche agroécologique au sein des universités et des instituts de recherche. Ces chercheurs devront développer une pensée complexe, dans une approche holistique et systémique. L'éthique doit être un aspect essentiel dans la recherche : il n'y a selon nous pas de recherche neutre.

Il faut encourager dès lors l'approche interdisciplinaire des problèmes et maintenir une relation étroite avec les expériences des agriculteurs. Il est très important de former les techniciens de terrain afin d'améliorer leur capacité à « lire » et « systématiser » la réalité. Enfin, il est important de repenser les systèmes d'évaluation des chercheurs dans les institutions, afin qu'il y ait une cohérence entre les objectifs "dictés" par l'institution et ce qui est réellement valorisé.

Pour terminer, la recherche a un rôle fondamental dans la réalisation d'une agriculture plus durable, mais l'approche doit se faire à partir d'un paradigme différent. Cela nécessite un changement profond chez les chercheurs, les techniciens, les agents de développement, les agriculteurs et les institutions de recherche. Ce défi implique à la fois de développer des connaissances, et de les appliquer et les valider dans des réalités différentes.

Références bibliographiques

Abbona EA, SJ Sarandón, ME Marasas & M Astier (2007). Ecological sustainability evaluation of traditional management in different vineyard systems in Berisso, Argentina. Agriculture, Ecosystems and Environment Vol 119 (3- 4): 335-345.

Alonso Mielgo A & E Sevilla Guzmán (1995) Sobre el discurso ecotecnocrático de la sostenibilidad. En A. Cadenas (Ed.) Agricultura y desarrollo sostenible (Madrid : MAPA, Serie Estudios).

Altieri MA (1985) Agroecología. Bases científicas de la agricultura alternativa. Cetal - Chile, Imp. Ed. Interamericana.

Altieri MA (1987) Agroecology. The Scientific Basis of Alternative Agriculture. Westview Press, Boulder,Colorado.

Altieri MA (1991) ¿Por qué estudiar la agricultura tradicional? En Agroecología y Desarrollo. CLADES. 1991. N° 1:25.

Altieri MA, Ch Francis (1992) Incorporating Agroecology into a conventional agricultural curriculum. American Journal of Alternative Production, v. 7, N°1-2: 93.

Altieri MA (1995) Bases y Estrategias Agroecológicas para una Agricultura Sustentable Revista de CLADES Numero Especial 8/9 Disponible en www_clades_cl/hacemos/ 8/rev8art3.htm

Altieri M & C Nicholls (1999). Biodiversity, Ecosystem Function, and Insect Management In Agricultural Systems. En: Biodiversity in Agroecosystems WW Collins & CO Qualset (Eds.), CRC Press LLC. Cap 5, p.69-84.

Becht G (1974) Systems theory, the key to holism and reductionism. Bioscience 24(10):579-596.

Caporal FR & JA Costabeber (2004a) Agroecologia: Alguns conceitos e principios. MDA/SAF/DATER-IICA.BibliotecariaMarileaPinheriroFabiao-CRB10/161. Brasilia DF: 24p

Caporal FR & JA Costabeber (2004b) Agroecologia e extensâo rural. Contribuiçoes para a promoçâo do desenvolvimiento rural sustentável. MDA/SAF/DATER-IICA. Brasilia DF. 119 pp

CASAFE (2011) Web de la Cámara de Sanidad y Fertilizantes de la República Argentina). www.casafe.org/

CLADES (1991) Revista Agroecología y Desarrollo, CLAES, N° 1. Editorial.

CMMAD (1988) Nuestro futuro común. Madrid. Alianza Editorial.

De Melo Araujo S (1999) Discurso Inaugural en XI Reunión de ALEAS. En Educación Agrícola Superior, Desarrollo Sostenible Integración regional y Globalización, XI Conferencia Latinoamericana de ALEAS, Abril de 1997, Santiago, Chile: 9-13.

Gargoloff NA, P Riat, EA Abbona & SJ Sarandón (2007) "Análisis de la Racionalidad Ecológica en 3 grupos de horticultores en La Plata, Argentina." V Congresso Brasileiro de Agroecologia, 1 a 4 de outubro de 2007, Guarapari, ES, Brasil. Revista Brasilera de Agroecología, Vol 2 (2): 468-471.

Gómez-Benito C (2001) Conocimiento local, Diversidad Biológica y Desarrollo. En Agroecología y Desarrollo: Aproximación a los fundamentos agroecológicos para la gestión sustentable de agroecosistemas mediterráneos. Ediciones Mundi Prensa. 2001. Cap. 2, p.49- 64.

Guzmán Casado G, M González de Molina & E Sevilla Guzmán (2000) Introducción a la Agroecología como desarrollo rural sostenible. Ediciones Mundi Prensa. Madrid. 535 pp

IICA (1999) Discurso de Severino De Melo Araujo, Subdirector General de FAO para América Latina y el Caribe. XI Conferencia Latinoamericana de ALEAS. Abril 1997. Santiago, Chile. En: Educación Agrícola Superior, Desarrollo Sostenible, Integración Regional y Globalización, R Chateneuf, A Violic & E Paillacar (Eds): 9-13.

INTA (1991) Anexo I, Recursos Naturales Agricultura: Seminario Juicio a Nuestra Agricultura. Hacia el desarrollo de una Agricultura Sostenible. INTA, Editorial Hemisferio Sur, 368 p.

INTA (2005) Programa Nacional de Investigación y Desarrollo tecnológico para la pequeña agricultura familiar. Documento Base. Abril de 2005

Leff E (1994) Sociología y ambiente: formación socioeconómica, racionalidad ambiental y transformaciones del conocimiento. En E.

Leff (Comp) Ciencias Sociales y Formación Ambiental, Gedisa Editorial, Barcelona: 17-84

Leff E (2002) Agroecologia e saber ambiental. Agroecologia e Desenvolvimento Rural Sustentável. Porto Alegre, v.3, n.1, jan./mar.2002

Lugo AE & YGL Morris (1982) Los Sistemas ecológicos y la humanidad. Monografía N° 23. Serie de Biología OEA. 82 pp.

Medina NM & E da Conceição Santos (2002) Educação ambiental. Uma metodologia participativa de formação. Petrópolis, Brasil. Vozes. 231 p.

Mc Ginn AP (2000) Phasing out persistent organic pollutants. In: State of the World 2000. Wordlwatch Institute Report on Progress Toward a Sustainable Society. WW Norton & Company, New York-London: 80-100.

Riojas J (2000) La complejidad ambiental en la Universidad. In: LEFF, E. (Coord.). La Veintiunoeditores. p.93-215.

Sánchez de Puerta Trujillo F (2004) Agroecología, desarrollo, comunicación y extensión rural: La construcción de un paradigma ecosocial en Iberoamérica. En: Cimadevilla G y Carniglia E (eds): Comunicación, ruralidad y dearrollo. Mitos, paradigmas y dispositivos del cambio. Buenos Aires. INTA: 251-263

Sarandón SJ & R Sarandón (1993) Un enfoque ecológico para una agricultura sustentable En: Goin F y C Goñi (Eds.) Bases para una política ambiental de la R. Argentina, Sección III, Cap. 19:279-286, HC Diputados de la Pcia de Buenos Aires.

Sarandón SJ & GM Hang (1995) El Rol de la Universidad en la Incorporación de un enfoque agroecológico para el Desarrollo Rural Sustentable. Agroecología y Desarrollo, CLADES (Chile) No 8/9, Octubre 1995:17-20.

Sarandón SJ & R Sarandón (1996) Aplicación del enfoque agroecológico en sistemas extensivos: estudio de un caso en Argentina. Revista de Agroecología y Desarrollo (CLADES), N°10: 34-38.

Sarandón SJ, E Cerdá, N Pierini, J Vallejos & ML Garatte (2001) Incorporación de la Agroecología y la agricultura sustentable en las escuelas agropecuarias de nivel medio en la Argentina. El caso de la Escuela Agropecuaria de Tres Arroyos. Tópicos en Educación Ambiental, México, v. 3, n. 7, p. 30-42.

Sarandón SJ (2002) La agricultura como actividad transformadora del ambiente. El Impacto de la Agricultura intensiva de la Revolución Verde. En "AGROECOLOGIA: El camino hacia una agricultura sustentable", SJ Sarandón (Editor), Ediciones Científicas Americanas, La Plata. Cap 1: 23-48.

Sarandón SJ & GM Hang (2002) La investigación y formación de profesionales en agroecología para una agricultura sustentable: El rol de la Universidad. En "AGROECOLOGIA: El camino hacia una agricultura sustentable", SJ Sarandón (Editor), Ediciones Científicas Americanas, La Plata. Cap 23: 451-464.

Sarandón SJ, MS Zuluaga, R Cieza, C Gómez, L Janjetic, E Negrete (2006) Evaluación de la sustentabilidad de sistemas agrícolas de fincas en Misiones, Argentina, mediante el uso de indicadores. Revista Agroecología, Vol 1: 19-28. España.

Sarandón SJ (2009) Educación y Formación en Agroecología: Una necesidad impostergable para un desarrollo Rural Sustentable. Actas en CD Rom, II Congresso Latinoamericano de Agroecologia (Curitiba, Brasil, de 09 a 12 de novembro de 2009). Pags: 5306-5320.

Sarandón, SJ (2010) Incorporando la Agroecología en las Instituciones de Educación Agrícola. Una necesidad para la Sustentabilidad Rural. La Agroecología en la construccion de alternativas hacia la sustentabilidad Rural. Jaime Morales Hernández (editor). Instituto Tecnológico de Estudios Superiores de Occidente, Guadalajara, México. Ediciones Siglo XXI.

Toledo VM (1992) La racionalidad ecológica de la producción campesina. En: Ecología, campesinado e historia. Sevilla Guzmán, E. y Gonzáles de Molina, M. (Editores). Ed. La Piqueta. Madrid. España. 1993. Cap. 5:197-218.

Toledo VM (1994) Tres problemas en el estudio de la apropiación de los recursos naturales y sus repercusiones en la educación. En: Ciencias Sociales y Formación Ambiental. E Leff (compilador), Editorial Gedisa, Barcelona, España: 157-180.G.

Viñas Román JA (1999) El rol de las instituciones de educación agrícola superior en el desarrollo sostenible. In: XI CONFERENCIA LATINOAMERICANA DE ALEAS, 11., 1997, Santiago, Chile. Educación Agrícola Superior, Desarrollo Sostenible Integración regional y Globalización. Santiago: 141-152.

WCED (1987) Our common future. Oxford Univ. Press, Oxford

CHAPITRE IV

L'agroécologie : une mise en tension de la pensée agronomique ?

Bernard Hubert

Depuis un siècle et demi l'agronomie, au sens large, s'est imposée comme la science de l'agriculture. Elle est exemplaire de ce que peut être un domaine disciplinaire fortement inscrit dans son contexte : d'une part celui du local, de la « glèbe » qui en constitue le matériau d'origine, et d'autre part, celui de la « mission » que l'agronomie remplit au regard des politiques publiques, celle d'assurer la sécurité alimentaire des populations, au moins au niveau national, puis si possible de contribuer aux marchés des biens agricoles régionaux et, de plus en plus, mondiaux. C'est dans cette tension que s'inscrivent les challenges auxquels elle doit faire face.

Mais ces enjeux, longtemps vus sous le seul aspect d'une augmentation de l'efficience de la production, évoluent sous pression de la prise de conscience par la société civile des conséquences environnementales, sociales et en termes de santé publique des systèmes agro-alimentaires produits par les transformations technologiques de ces 60 dernières années. Des instances internationales de plus en plus nombreuses commencent à s'en inquiéter. En effet, les réflexions au niveau international ne manquent pas pour s'interroger sur l'agriculture de demain et l'agronomie qui pourra aider à la réaliser. On en citera deux, qui proposent des synthèses d'études primaires :

- l'*International Assessment of Agricultural Knowledge, Science and Technology for Development (IAASTD)* à l'initiative de la Banque mondiale, de la FAO et du PNUE, lancé en 2005 dans la foulée du Millennium Ecosystem

Assesment[41], qui a mobilisé plus de 400 auteurs, spécialistes des questions d'agriculture, scientifiques, ONG, administrations, etc. pendant trois ans (IAASTD, 2009). Cette vaste expertise collective met en évidence les quelques impasses auxquelles peuvent conduire des choix trop étroits en matière d'options technologiques, l'ignorance des savoirs locaux, la négligence du rôle des femmes, une vision étroite des droits de propriété intellectuelle, etc. Bref, le mot clé de la conclusion du rapport est *Business as usual is not an option !*

- le groupe *Forward Thinking* que j'ai constitué moi-même pour contribuer aux réflexions de la *Global Conference for Agricultural Research for Development* (GCARD), qui s'est tenue en mars 2010 à Montpellier dans le cadre du processus de réforme du CGIAR. Ce groupe rassemblait les principaux auteurs des expertises, projections et prospectives dans les domaines de l'agriculture et de l'alimentation de ces dernières années, et leur a permis d'échanger et de débattre en présence d'utilisateurs de leurs études et de quelques grands témoins connus pour leur sagesse, issus des sphères publiques comme privées. La confrontation de ces différents modèles et scénarios nous a conduit aux mêmes conclusions : nécessité d'élargir la vision de l'agriculture à l'ensemble des activités économiques et de sortir d'une sphère agricole fermée sur elle-même ; préserver une diversité des formes productives en évitant qu'un modèle – au nom de sa performance en regard de tel ou tel critère – devienne dominant voire unique ; revoir les paradigmes qui fondent la pensée agronomique sur la seule dimension de la productivité (Hubert et al., 2010)

Ainsi, les alternatives au *business as usual* touchent directement la conception et la mise en œuvre de la production, conduisant à revisiter des choix productifs jugés jusque là « évidents » et faisant surgir de nouveaux repères (diversification, extensification,

[41] Et piloté par le même Bob Watson, chimiste de l'atmosphère, ex-conseiller du président B. Clinton à l'origine de l'IPCC, *chief scientist* de la Banque Mondiale, qu'il a quittée depuis pour devenir le *chief scientist* du ministère britannique de l'environnement, de l'alimentation et des affaires rurales (DEFRA)

multifonctionnalité, intensification écologique...), qui requièrent de nouveaux cadres théoriques... et leur mise à l'épreuve en situation, sans ignorer si possible les savoirs de la pratique. Visant à concevoir une gestion des ressources naturelles renouvelables fondée sur la fertilisation croisée entre les méthodes et concepts de l'agronomie, de l'écologie et des sciences sociales en mobilisant largement les savoirs locaux, on peut en résumer les termes de référence en quelques lignes :

- Maintenir voire augmenter les rendements agricoles (il va tout de même falloir nourrir près de 9 milliards d'habitants de la planète en 2050),
- À partir de techniques moins polluantes et moins dangereuses pour les travailleurs agricoles, la flore et la faune... et moins coûteuses,
- Fondées sur une meilleure valorisation des services des écosystèmes (pollinisation, protection intégrée, flux d'éléments, circulation de l'eau...) et de nouvelles technologies (informatique, génétique, monitoring...),
- Mobilisant à la fois les connaissances scientifiques et locales par des processus d'apprentissage croisé.

Commençons par regarder comment la recherche – agronomique en l'occurrence – est de nos jours une actrice à part entière des transformations sociotechniques générées par les évolutions économiques et politiques, en l'illustrant sur la situation européenne et de la France en particulier. Puis, nous nous interrogerons sur les conséquences de ces nouvelles interpellations de l'agriculture, et de l'agronomie, ainsi que les diverses propositions alternatives qui se reconnaissent sous l'appellation d'agroécologie. Ensuite, revenons sur le modèle de la pensée agronomique, tel qu'il s'est imposé depuis plusieurs décennies, en montrant que la conception et la production de « paquets techniques », dans un certain contexte social et économique, peut suffire à générer un effet systémique non seulement créateur de nouvelles situations politiques, mais créateur aussi d'impasses. Enfin, examinons quelques pistes pour raisonner autrement les rapports de l'agriculture à son milieu, et envisager les profondes transformations nécessaires pour sortir de ces impasses et réinventer l'agronomie comme science des relations entre les hommes et le vivant – et non comme une simple application d'une science de laboratoire.

Un demi-siècle de profondes transformations de l'agriculture européenne

La recherche d'une gestion 'à l'optimum' de systèmes considérés comme stables et prédictibles a été obtenue en supprimant les perturbations et en réduisant la diversité de l'environnement, ce qui a conduit à limiter les options et à compromettre la capacité des écosystèmes à tamponner les changements. En résulte une simplification des paysages pour des productions destinées au marché et ayant conduit :

- à la stabilisation des flux de certaines ressources à court terme, sans tenir grand compte des seuils écologiques, d'autant que ceux-ci sont instables et difficiles à prédire,
- à masquer les *feedback* de l'environnement à des échelles spatiales larges et sur des pas de temps étendus,
- à une nouvelle distribution des connaissances, savoir-faire et pratiques sur la gestion du vivant... depuis les campagnes vers les laboratoires !

De considérables changements paysagers...

À partir de la seconde moitié du XIXe siècle, et de manière généralisée au XXe siècle, un nouveau régime économique s'impose dans les campagnes françaises, ceci de concert avec l'établissement de la suprématie démographique urbaine et surtout du développement des moyens et réseaux de transports : création des marchés alimentaires nationaux, coloniaux et internationaux, essor de l'agro-industrie d'amont et d'aval, etc. Les conséquences en sont présentées dans Hubert, Deverre et Meuret (2010) : le marché définit à la fois les zones les plus aptes à chaque production, et, à l'intérieur même de chaque localité et exploitation agricole, les parcelles ayant la meilleure potentialité économique à assurer une production marchande rentable, grâce à l'adoption de "techniques modernes". La mise en œuvre et l'efficacité de ces techniques sont elles-mêmes le produit des progrès des transports et de la circulation marchande (engrais, aliments du bétail importés, carburants issus d'énergies fossiles, etc.). La fertilisation est désormais assurée par des ressources extérieures à l'exploitation, ne rendant plus nécessaire aux cultivateurs la possession ou le recours aux troupeaux, qui auparavant l'assuraient pour l'essentiel grâce au transfert de matière organique des zones de pâturage vers l'espace cultivé selon le modèle de l'assolement triennal. Les conséquences affectent profondément les paysages ruraux, ainsi, par exemple, à côté des grandes plaines favorables, ou rendues telles par le drainage et les amendements, dans les zones de colline ou de montagne, le maillage paysager devient plus grossier, débouchant sur un paysage dual, constitué de parcelles cultivées cantonnées en fond de vallées et, sur les pentes rendues à l'état de friche, d'espaces qui se boisent progressivement du fait des plantations ou de la simple dynamique des accrus forestiers.

Les us et coutumes, droits et usages locaux qui régulaient les rapports des individus et des collectifs aux ressources naturelles renouvelables locales se sont en quelque sorte évanouis au profit d'une nouvelle dichotomie. D'un côté, l'appropriation des terres productives bénéficie soit de crédits facilitant l'acquisition foncière et le faire valoir direct, soit d'une législation sur le "fermage" (location d'une exploitation agricole) favorable à ceux qui mettent les terres en valeur (Deverre, 2005). De l'autre, on assiste à l'émergence de biens publics (chasse, loisirs…) sur des espaces de moins en moins revendiqués en termes de propriété. Les enjeux fonciers se sont ainsi simplifiés entre, d'une part, une priorité aux agriculteurs sur les terres cultivables, accompagnée d'une gestion individualisée et, de l'autre, une priorité aux utilisateurs divers sur le reste, mais sans gestion identifiable ni régulation collective, à l'exception parfois de celle des sociétés de chasse ou d'associations naturalistes pour certains espaces mis en réserve.

Une profonde rupture dans les savoirs et les techniques en agriculture…

Dans ce contexte, l'agriculteur, lui aussi, change de métier. Il n'est plus un paysan aux activités multiples, mais devient un producteur spécialisé, un "exploitant agricole", dont la performance s'évalue en termes de rendement énergétique et de critères technico-économiques. Un tel changement ne s'opère pas spontanément. Il résulte d'un important effort national d'adaptation et de conception de technologies agricoles, reposant sur un dispositif complet sous l'égide du Ministère de l'Agriculture : recherche agronomique publique, services d'appui technique, formations professionnelles (initiale, continue et supérieure). Il bénéficie également d'un effort considérable de mutualisation via les coopératives, des rapports avec l'agrofourniture et des processus de commercialisation du secteur agricole, dont le cœur repose néanmoins toujours sur le modèle de l'exploitation familiale.

Au cours de seulement deux générations (période 1960-90), la modernisation a provoqué ce qu'on peut appeler une "rupture épistémique" concernant les savoirs sur le vivant (animaux d'élevage, cultures végétales et ressources naturelles). D'un côté, les praticiens de terrain (agriculteurs, éleveurs, forestiers) ont l'habitude d'exercer en reproduisant et expérimentant au cas par cas des solutions ajustées à leurs conditions historiques, géographiques, sociales et économiques. De l'autre, les scientifiques s'éloignent du terrain et privilégient les travaux de laboratoire sur des objets de plus en plus spécialisés, en bénéficiant des techniques et d'instruments performants en biologie. Relayées par les services de développement agricole, les équipes scientifiques produisent d'abondantes connaissances, pour la plupart dites "fondamentales", c'est-à-dire conçues pour être indépendantes de tout contexte local. Un exemple flagrant est l'amélioration génétique des races animales (Vissac, 2002 ; Micoud, 2003) et des variétés végétales (Bonneuil et Thomas, 2009), dans un modèle de pensée dans lequel le point de départ de ces évolutions repose sur l'amélioration du potentiel génétique, le reste étant appelé à suivre.

En France, l'industrialisation de l'agriculture n'a pas été sans conséquences sur les sociétés rurales. De 1954 à 1992, la production agricole a été multipliée par deux et demi, la productivité du travail agricole par dix, et la population agricole a été divisée par quatre. De 3 millions de paysans au début des années 1950, pour la plupart porteurs de savoirs empiriques appris de leurs pères et pairs, on est passé aujourd'hui à 400 000 "exploitants agricoles", formés dans plus d'une centaine de lycées agricoles et/ou étroitement conseillés par un nombre croissant de techniciens spécialisés. La transmission du savoir s'effectue alors selon un modèle linéaire qui repose sur le volet "vulgarisable" des connaissances scientifiques et techniques, c'est-à-dire la partie de ces connaissances considérée comme transmissible et donc soigneusement standardisée. Elle repose également sur la valorisation de nouvelles technicités, liée entre autres à l'appropriation de préconisations appuyées sur des "outils d'aide à la décision".

La recherche de nouvelles visions du monde agricole et rural

Mais, la sphère agricole ne peut pas s'isoler totalement des transformations politiques, économiques et sociales du monde qui l'environne. On est ainsi passé successivement, en à peine un demi siècle, par trois centrages de l'activité agricole :

(1) du paysan/agriculteur, centré sur la production et vu comme un individu au sein d'un groupe social engagé dans le changement technique, dans un cadre conceptuel favorisant le traitement spécialisé de chaque question en mobilisant des disciplines comme l'agronomie, la sociologie rurale, l'économie agricole,

(2) à la prise en considération de l'espace rural et des manières de l'habiter, les agriculteurs sont vus alors comme un groupe social en mutation et en interaction avec ses voisins, du fait d'un enchevêtrement de pratiques et d'intérêts, dans un contexte d'aménagement du territoire, faisant appel tout autant alors à la sociologie *sensu lato*, aux sciences politiques, voire au droit,

(3) puis à l'émergence des questions d'environnement, en se préoccupant de préservation des ressources, de maîtrise des pollutions et des impacts des activités agricoles, les agriculteurs devenant un groupe social local confronté à des enjeux globaux, dans un contexte de complexification de ces enjeux et des questions qui en découlent, du fait des interdépendances entre processus et entre niveaux local/global, ainsi que des interactions temps court/temps long, appuyées par l'arrivée de l'écologie, des biotechnologies, des sciences de l'univers…

Dans cette dernière situation, on assiste à l'émergence de nouveaux découpages spatiaux (fondés sur les savoirs naturalistes) qui conduisent à des zonages environnementaux qui différencient des objectifs de contrôle des activités (agricoles, forestières, ludiques, etc.) appuyés sur des cahiers des charges portant sur les pratiques des uns et des autres et sur l'introduction d'innovations respectueuses de l'environnement (modèles agro-forestiers, semis direct sous couvert, etc.). On parle ainsi, par exemple, de modalités de gestion – qui restent à trouver – de biens publics (la qualité de l'eau, la biodiversité, les paysages, les propriétés des sols...) à travers l'action d'opérateurs privés, comme les agriculteurs ou les propriétaires fonciers et forestiers (Hervieu, 2002). On assiste également à l'émergence de dispositifs de terrain inédits constitués d'ensembles hétérogènes d'acteurs, d'institutions, de mesures réglementaires, de normes, de connaissances, de projets, d'actions, etc., véritables forums sociotechniques, qui génèrent à la fois (i) de l'expérimentation intersectorielle de gestion concertée entre des acteurs - de plus en plus nombreux - qui se connaissent peu et apprennent à apprendre les uns des autres, et (ii) des débats intra-sectoriels, qui peuvent conduire à des changements de rationalité, à la reconstruction des modèles de référence, à la révision des métiers, non sans risques de coupure avec les personnes et les organisations des mondes habituels.

En effet, le secteur agricole n'est-il pas déjà engagé dans une situation d'enfermement, de *lock in* technologique, du fait du poids des choix antérieurs : technologiques (mécanisation, engrais, pesticides, génétique...), cognitifs (savoirs et savoir-faire, représentations de la nature, des nuisances, du paysage, etc.), politiques (les difficultés rencontrées pour réformer la PAC !) ? Comme on a pu le constater dans d'autres secteurs 'industriels', il n'est pas si facile d'en sortir compte tenu des modes de raisonnement technoscientifique dominant et des inerties des autres secteurs économiques interagissant avec le secteur considéré, ainsi que des éventuelles priorités politiques qui leur sont données. Il est bien plus exigeant de réunir les conditions (en termes de technologies, de politiques publiques, de formes d'intégration sociale, etc.) d'émergence de nouvelles options face à une complexification des enjeux que de se contenter d'assurer les conditions de maintien des choix technologiques courants. D'autant que ces derniers sont appuyés par les référentiels habituels des politiques publiques, confrontés aux priorités et aux dynamiques sociales et économiques, ancrés dans les systèmes de valeur socioprofessionnels, soutenus par le dispositif d'encadrement et d'appui des services techniques. C'est là un piège bien connu de la rationalisation technique. Si de plus la menace de famine mondiale s'en mêle et que l'ONU, la FAO, les ONG, les lobbys politico-professionnels, etc. appellent à l'augmentation de la production – interprétée comme une amélioration de la productivité – afin de réduire la famine et la pauvreté... les modèles intensifs actuels ont encore de belles années devant eux !

L'agronomie questionnée

Un débat traverse les communautés scientifiques au-delà de celle des seuls agronomes : s'agit-il effectivement d'attendre de l'agronomie un changement quasi radical de ses principes fondateurs en veillant à ce qu'elle ne se contente pas de modifications marginales pour satisfaire une mode intellectuelle favorable à l'écologie, voire quelques questions sérieuses en rapport avec le changement climatique (par de nouvelles technologies, par exemple) ? Faut-il carrément recréer une ingénierie écologique ou environnementale, ainsi que le proposent certains, et concevoir autrement les formes d'exploitation des ressources naturelles renouvelables par l'homme, en s'appuyant sur les fonctionnalités et les services des écosystèmes à l'aide des cadres conceptuels de l'écologie (comme la résilience des écosystèmes, voire des socio-écosystèmes... notion qui ne convient pas forcément à tous !) et non plus de l'agronomie ? Faut-il davantage s'appuyer sur les savoirs traditionnels qui sont sensés avoir fait leurs preuves, encore que ce ne soit pas avéré partout ?

De manière assez surprenante, la communauté scientifique agronomique ne s'est que tardivement organisée en sociétés savantes puisqu'il a fallu attendre l'année 1990 pour voir se créer une *European Society for Agronomy* (ESA) et octobre 2008 pour une Association Française d'Agronomie. Ces associations n'ont-elles été fondées qu'en regard d'une mise en question des bienfaits du progrès technique en route depuis plusieurs décennies dans le domaine de l'agriculture ? Elles ont permis effectivement de constituer des lieux de débats entre spécialistes, ouverts à quelques outsiders ; il est ainsi intéressant de noter qu'au dernier colloque de l'ESA, qui s'est tenu à Montpellier fin août 2010, sur plus de 400 communications, si la plus grande majorité a encore porté sur les manières d'améliorer les rendements, une petite dizaine de sessions ont traité d'écologie du paysage, de pratiques alternatives, de recherches participatives, etc.

Aux vues de l'assez grande concentration des lieux de formation et de recherche dans le domaine agronomique, peut-on attendre que de nouvelles pistes se dégagent à partir des établissements du Sud, de chercheurs qui n'ont pas forcément la même perception culturelle de l'environnement (et de la nature !) que les chercheurs issus ou formés dans le monde occidental ? Est-ce cela que vise Miguel Altieri, professeur à Berkeley, l'un des fondateurs de l'agroécologie moderne en s'appuyant plus que jamais sur un réseau d'expérimentation en Amérique latine (Réseau SOCLA, Sociedad Cientifica Latinoamericana de Agroecologia) constitué d'initiatives locales de paysans qui se posent des questions sur la pratique et le devenir de leur métier, bien plus que de stations expérimentales et de centres de recherche ?

Ce sont bien ces nouvelles préoccupations que portent les différents courants de l'agroécologie identifiés par Fred Buttel (2003) :

(1) ag*roécologie écosystémique*, qui s'inspire directement du modèle de l'écosystème « odumien » appliqué aux agro-écosystèmes en se fondant sur des notions de stabilité et de résilience, mais qui rencontre vite les limites du modèle de l'écosystème, essentiellement conceptuel et non spatialisé. Il se révèle ainsi difficile de transposer des connaissances issues des concepts de l'écologie dans une procédure opératoire de combinaisons de techniques applicables par des tiers ;

(2) ag*roécologie agronomique*, celle qui rappelle que l'agronomie n'aurait jamais été autre chose qu'une écologie du champ cultivé et qui se pose en fondatrice d'une "agriculture durable", qui reste à construire, mais bien souvent à partir d'approches partielles (techniques sans labour, protection intégrée contre les ravageurs, cultures associées, etc.) ou de solutions « end of pipe » (comme les nanotubes pour la fixation des métaux lourds dans les sols…).

Cette perspective se donne pour objectif – pour rester bref – d'emprunter un certain nombre de principes et de connaissances issues de l'écologie dans la démarche agronomique ; mais bien souvent elle rencontre les limites des cadres conceptuels de l'écologie et de l'agronomie, assez peu compatibles et difficiles à hybrider, du fait qu'ils reposent sur des paradigmes assez différents...

(3) l'*ecological political economy* prônée par M. Altieri qui repose sur une vision radicale et critique des coûts socioéconomiques et écologiques des modes de production dominants et recherche l'équité sociale et la soutenabilité, non seulement des modes de production mais aussi des sociétés et des milieux qui leur sont liés.

Justement, afin de pallier les difficultés rencontrées par les variantes précédentes, cette approche prône, par exemple, une catégorisation fonctionnelle originale de la biodiversité en regard du processus de production agricole, fondée sur 5 groupes (« MPPDC ») : (M) les groupes fonctionnels qui assurent les processus de médiation comme la pollinisation, la lutte biologique ou la décomposition de la matière organique ; (P) les groupes qui assurent la protection de l'état des sols et des ressource sen eau ; (P) les groupes sur lesquels repose la production de cultures, de bois, de fibres, etc. ; (D) les agents destructeurs qui réduisent la production et freinent les autres fonctions et (C) les groupes qui assurent la connectivité des éléments au sein des paysages. Cette catégorisation de type fonctionnelle se fonde ainsi sur une sorte d'hybridation entre les pensées écologiques et agronomiques, au-delà des emprunts croisés des deux premières variantes... mais c'est là une démarche bien plus exigeante, car elle remet en cause bien des paradigmes chers à chacun.

(4) l'*agro-population ecology* qui s'appuie davantage sur la dynamique et la génétique des populations que sur la vision stabilisée de l'écosystème du premier courant, et qui donc aborde des visions dynamiques d'agro-écosystèmes évoluant en fonction des variations des paramètres climatiques ou biogéochimiques.

S'appuyer sur la notion de population, c'est, pour l'écologie comme pour l'agronomie, prendre en compte la diversité spatiale et temporelle des constituants du monde vivant, et reconnaître que ces dynamiques se déploient non seulement dans l'espace mais au cours du temps : on sort alors radicalement des axiomatiques de stabilisation, de fixité et de contrôle des processus qui sont à la base de l'agronomie moderne (sur le modèle de la production industrielle fondée sur la stabilité et la standardisation des procédés).

(5) l'*integrated assessment of multifunctional agricultural landscapes,* surtout développé en Europe et en France et qui a pour particularité de développer une approche intégrée, multi-scalaire, articulant les dimensions sectorielles et territoriales (introduisant ainsi la notion de système agroalimentaire), avec un fort ancrage local s'intéressant aux dynamiques collectives et à la dimension multifonctionnelle des paysages ruraux.

Il s'agit ici d'une vision systémique large associant dynamiques sociales et évolution du monde vivant sous l'effet à la fois de ses propres dynamiques (qui sont celles de la vie !) et des effets et conséquences des techniques et des pratiques qui lui sont appliquées. On revient sur la quête d'universalisme d'une agronomie qui s'appuierait sur quelques lois à valeur générale, pour s'intéresser à des heuristiques produites localement et à leur transposabilité (ou plutôt leur transportabilité) dans d'autres situations tout aussi singulières : quel est le caractère générique – et non plus général – des connaissances ainsi produites, dans des conditions géographiquement et historiquement situées ?

(6) enfin, après le décès de Buttel, ses collègues W. Bland et M. Bell ont ajouté en 2007 une 6ème variante, qu'ils qualifient de *Holon agroecology* en s'inspirant de la notion de « holon » d'A. Koestler : pour eux l'enjeu est celui d'une transformation permanente du contexte comme du contenu, compte tenu des changements écologiques, technologiques, politiques, économiques… débouchant sur la notion de gestion adaptative permanente (chemin faisant ?) sans aboutissement prédéfini, mais reposant sur la nécessité de solidités relationnelles ("*holding together*" !).

Cette approche se situe délibérément dans un cadre de pensée systémique, réalisant ainsi la synthèse des 3 dernières variantes en s'appuyant sur les cadres conceptuels de la gestion adaptative.

Mais si la construction intellectuelle est séduisante, il n'est pas si fréquent de la rencontrer sur le terrain.

Il n'y a donc pas qu'une seule agroécologie, et les nuances entre ces courants de pensée ne sont pas mineures. C'est d'ailleurs ce qui est intéressant dans ce foisonnement : il désigne la recherche de pistes nouvelles, plus ou moins exigeantes, mais diverses et éventuellement contradictoires, voire incommensurables. Il est donc souvent dommage d'entendre parler de l'agroécologie comme d'une alternative unique à l'agronomie de ces dernières années, avec un double risque : celui d'une vision manichéenne entre ce que seraient des bonnes (agroécologie) et des mauvaises (l'agronomie) pratiques, mais également celui d'un nouveau courant dominant, sorte de *mainstream politically correct*, qui se substituerait au précédent afin de répondre – ou plutôt de les esquiver - aux justes interrogations sociales et environnementales dont celui-ci est l'objet après plus d'un demi siècle de domination.

Se pose, en outre, la question des réelles capacités d'émergence de nouveaux choix technologiques (et donc sociaux, économiques, d'aménagement de l'espace, etc.). Il pourra s'avérer difficile de sortir des choix actuels tant ils sont intégrés, non seulement dans le choix des solutions techniques appliquées (mécanisation, engrais, pesticides, génétique, etc.) mais également tant ils imprègnent les systèmes cognitifs (savoirs et savoir-faire, représentations de la nature, des nuisances, des paysages, etc.) et les valeurs (« ce qui est bien » !) des principaux acteurs impliqués, de la profession agricole mais également des services d'appui technique et des administrations qui les entourent, ainsi que les modes de raisonnement technoscientifiques courants et les priorités données également aux autres secteurs d'activité économique... Saurons-nous dépasser une certaine situation de *lock-in ?*

Une mise en tension des régimes habituels de la pensée scientifique

Car cela provient d'un processus séculaire de construction de la science. M. Callon (2003) rappelle ainsi, très brièvement, les trois régime de production de connaissance scientifique, identifiés par C. Licoppe, qui ont marqué ces derniers siècles dans le monde occidental : le régime de la « curiosité » au XVIIème et au

XVIIIeme siècle (on produit de la connaissance pour comprendre le monde), puis celui de « l'utilité » au XIXeme (on produit de la connaissance pour mettre le monde au service des sociétés humaines) et enfin celui de l'exactitude (on mesure, on modélise, on réifie). Ce dernier régime, qui nous est contemporain, passe par une simplification des fonctionnements du monde vivant en s'efforçant également de les considérer comme stables ; c'est la démarche classique de la recherche scientifique, celle que Michel Callon qualifie selon son modèle des trois traductions (2003) :

(1) La première consiste à reproduire le monde dans le confinement du laboratoire. Pour cela, on cherche à simplifier la réalité afin de la réduire de façon à ne s'intéresser qu'à une partie du monde, celle que veut étudier le chercheur compte tenu de la formulation du problème qu'il s'est donné pour ambition de résoudre. Il prélève donc ces éléments qu'il extrait ainsi du monde réel pour les transporter et les reconstituer dans son laboratoire, ou son domaine expérimental, afin de mettre à l'épreuve certaines des variables qu'il a identifiées en modifiant (manipulant) les facteurs considérés comme les plus explicatifs de l'état de ces variables ; c'est ce que M. Callon appelle le passage du « macrocosme au microcosme » ;

(2) C'est alors qu'intervient la deuxième traduction : celle qui fait dire aux objets de la nature, transposés dans un environnement confiné (et régulé) et manipulés de cette façon à l'aide d'un ensemble d'instruments, ce qu'ils peuvent exprimer à travers des appareils de mesure, des abaques, des courbes et des graphiques qui rendent ainsi compte aux humains, dans un langage codé (le plus souvent mathématique ou informatique) mais interprétable, de l'effet sur ces variables de la manipulation de ces facteurs… C'est la phase des « investissements de forme » (Thévenot, 1986) qui fait passer d'énoncés issus d'observation à des énoncés théoriques selon un double processus de stabilisation et de généralisation ;

(3) Mais se pose alors la question du retour dans le monde des résultats obtenus en laboratoire, de façon à agir sur ce monde et à y générer les changements attendus des progrès

de la science. C'est le moment « politique » de la production de connaissance scientifique, celui au cours duquel on va répliquer le laboratoire dans le grand monde, afin d'aider à sa reconfiguration, tout autant que de chercher à l'observer et à l'interpréter. La voie la plus simple et la plus efficace n'est-elle pas alors de faire ressembler le grand monde au laboratoire ? C'est ce que M. Callon appelle la « laboratorisation » du monde.

Pour illustrer cette profonde transformation des connaissances, puis, en corollaire, des modes de production, nous nous appuierons sur l'exemple de la transformation des systèmes d'élevage laitiers en France, avec ce qu'il est convenu d'appeler les révolutions « fourragère » puis « blonde » qui ont profondément marqué les dynamiques de l'élevage de ces quarante dernières années. Nous nous appuierons sur l'analyse qu'en a faite Claude Béranger, qui en fut l'un des acteurs, dans le cadre du comité d'histoire de l'Inra (Béranger, com. pers ; publication en cours).

La révolution fourragère (1950-60')

Elle a pour ambition de concevoir une alternative à l'utilisation de la prairie permanente, qui constituait l'essentiel des surfaces en herbe à la sortie de la deuxième guerre mondiale. Des chercheurs, mais aussi des professionnels étaient engagés dans une rationalisation de l'usage de ces prairies permanentes, composées de plusieurs dizaines d'espèces mélangées de graminées et de dicotylédones, assurant une diversité de fourrages pâturables au fil des saisons. Voisin (1957, 1960) propose ainsi des modèles d'utilisation fondés sur un temps d'occupation court et des temps de repos de plusieurs semaines, appuyés sur des indicateurs « garde-fou » (rendant compte de la modulation du chargement instantané et de la variabilité saisonnière de la durée de repousse), sans toutefois que ces indicateurs reposent sur des chiffres rigides, mais plutôt des observations et des apprentissages à partir d'adaptations et d'anticipations, de façon à ajuster en permanence le plan de pâturage au déroulement de la campagne. Un tel modèle repose plus sur des savoir-faire que sur des recettes ou des normes à appliquer.

Mais ce n'était pas dans l'air du temps ! La prairie permanente est considérée comme l'archétype d'une vision passéiste de l'agriculture, ainsi qu'en témoignent les quelques citations ci-dessous :.

- *L'herbe est le problème numéro 1 de l'agriculture française (Dumont, 1957, 1958)*
- *L'amélioration des rendements des pâturages doit constituer une contribution capitale au relèvement de l'Europe (OECE)*
- *Achever cette révolution agricole n'est désormais possible qu'en mettant la charrue dans presque tous nos vieux prés : dans tous ceux qui lui sont accessibles (Chazal et Dumont, 1955)*

Il faut faire place à la prairie semée, sur le modèle du *ley-farming* (modèle de rotation alternant des prairies temporaires de longue durée, suivie d'une succession culturale, mis au point en Angleterre au XIXe siècle et repris dans les années 1940) ! Cette dynamique s'appuie sur les avancées scientifiques en matière de physiologie et de génétique des graminées (en particulier fétuque et dactyle) et de nutrition animale avec la rédaction des premières tables de recommandations alimentaires en particulier à l'intention des vaches laitières, fer de lance (avec les céréales) de la modernisation de l'agriculture autour du modèle familial, consensuel entre l'Etat et les syndicats agricoles issus des mouvements catholiques. Ce modèle s'accompagne d'un « paquet technique » solide : aide aux investissements (bâtiments, machines à traire), intrants (fertilisation, aliments du bétail), insémination artificielle fondée sur un testage national des taureaux, etc. C'est cette logique de la production d'herbe qui s'oppose victorieusement à celle son utilisation prônée par les défenseurs de la prairie permanente, qui sont priés de sortir de scène.

La révolution blonde (70-80')

C'est l'arrivée de la technique de l'ensilage de maïs qui est à l'origine de cette deuxième « révolution » : elle répond aux problèmes posés par les conditions incertaines de récolte et de conservation des foins, au moins dans les régions les plus concernées par la production laitière. Le maïs ensilé se conserve très bien et de nouvelles variétés ont été sélectionnées pour pousser dans des conditions inhabituelles pour cette plante mais convenables si on ne privilégie pas la production de grains (10 à 13 t de matière sèche/ha contre 6 à 8 pour les prairies). L'ensilage de maïs est riche en énergie, mais carencé en protéine (7 % contre 10-12 % pour les graminées et 15 % pour les légumineuses prairiales), ce qui sera compensé par une complémentation à base de tourteaux, d'urée et de farines animales. Le « paquet technique » s'accompagne du matériel d'ensilage géré en commun dans le cadre des CUMAs et de l'utilisation des vaches laitières à haut potentiel génétique, comme la race Holstein et la valorisation des mâles sous formes de taurillons, engraissés également à l'ensilage de maïs. La PAC, par son dispositif de primes rémunérant bien mieux la production de maïs fourrager que la conservation des prairies pâturées, favorise le développement de ce modèle, facile à diffuser car reposant sur des recommandations assez standardisées sous forme de prescriptions normées pour les cultures comme pour l'élevage. La vulgarisation s'en empare et le diffuse dans la plupart des zones laitières, avec l'appui de l'institut techniques dédié aux céréales, qui devient ainsi l'ITCF (Institut technique des céréales et des fourrages) puisque les fourrages se cultivent comme des céréales... en rotation après deux années de prairies (très) temporaires à base de Ray Gras d'Italie (RGI) sélectionné pour cette conduite.

Les surfaces en maïs passent ainsi de 300 000 à 900 000 ha entre 1969 et 1975, pour culminer ensuite autour de 1,4-1,5 million d'ha. La production laitière augmente de 2,5 % par an de 1970 à 1984 (soit + 40 % au niveau national sur l'ensemble de la période, et en particulier + 64 % dans le Grand Ouest et + 75 % dans les seuls Pays de Loire !). C'est l'apogée du modèle du productivisme qui s'appuie sur les agrandissements de surface et l'augmentation de taille des troupeaux, l'exclusion de ceux qui n'entrent pas dans le modèle et la poursuite de l'exode agricole. Il s'appuie sur l'amélioration génétique des plantes et des animaux (en fait de deux plantes, le maïs et le RGI, et d'un animal, la vache laitière) et le développement des consommations intermédiaires, pour proposer un modèle de système de production sanctionné par des critères de performance qui s'expriment presque exclusivement en termes de productivité par hectare, par animal ou par travailleur.

Ce système de production s'est ainsi développé comme modèle exemplaire et quasi-unique pour la production laitière en France… et dans le monde, en marginalisant d'autres options[42], comme celles qui ont été développées dans les Côtes d'Armor par le CEDAPA dès les années 1970 sur la base de prairies permanentes associant ray gras anglais et trèfle blanc (Béranger et Journet, 2002 ; Pochon, 2008), une des rares formes de résistance au modèle dominant qui ait subsisté et s'est même un peu répandu dans d'autres régions.

C'est bien la démarche décrite ci-dessus par M. Callon qui fait passer des savoirs et savoir-faire empiriques de la gestion de prairies permanentes multi-spécifiques au rationnement de la vache laitière en stabulation, à base d'ensilage et de complément alimentaire spécialement composé en fonction de ses besoins physiologiques, et qui transforme ainsi l'ensemble des systèmes de production dans le monde réel, en particulier dans le Grand Ouest. C'est ce qui fait dire à B. Chevassus-au-Louis (2006) que nous sommes passés de « l'homme expérimenté à la démarche expérimentale » ! En s'appuyant sur le modèle « industriel » de la production, fondé sur la transformation d'*inputs* externes en *output* et une séparation affichée entre conception et exécution, en visant à produire des connaissances universelles, obtenues par une taylorisation de la recherche et une spécialisation des domaines scientifiques et techniques donnant une place prépondérante à l'expérimentation, finalisée pour une optimisation « étriquée », évaluée à partir de critères de performances strictement technico-économiques des innovations en ignorant leurs dimensions sociales et éthiques. Dans cette vision d'une dualité entre conception et exécution, la suite relève du transfert de technologie via les agents

[42] Celles-ci s'inspiraient tout simplement des écoles néo-zélandaises et scandinaves dans lesquelles la fixation de l'azote reposait sur l'introduction de légumineuses et la conduite de prairies composées, auxquelles les chercheurs et les professionnels français ont préféré, dès les années 1950, les écoles néerlandaise et belge fondées sur des apports élevés de fumure azotée de synthèse (suivant en cela les recommandations de "*la nécessaire intensification fourragère*" selon R. Dumont)… ce qui a pour effet de favoriser le développement des graminées au détriment des légumineuses

de développement et vers les agriculteurs... Et il faut beaucoup de courage et d'opiniâtreté aux formes de résistance pour émerger, survivre voire faire école, tellement la pensée dominante, fondée sur une forme de connaissance scientifique s'impose. Toutefois, dans son caractère de modèle unique, cette manière de conduire l'élevage bovin laitier est de plus en plus confrontée à ce qu'on pourrait appeler des « débordements », soit internes (l'amélioration des techniques d'ensilage profite également à l'ensilage d'herbe qui devient plus facile et se répand, comme l'enrubannage par exemple), soit externes avec la montée des préoccupations environnementales mettant en évidence les responsabilités de ces systèmes de production en regard des problèmes de pollutions diffuses ou d'érosion de la biodiversité.

L'agronomie est ainsi dans une tension entre contextualisation et décontextualisation : à l'origine, c'est bien une science du local, des conditions de sols, de climat, des plantes ou des animaux et des hommes qui les cultivent et les élèvent, avec une forte attente politique de préserver les populations des famines. Mais c'est également l'appel de la généricité, propre à tout domaine scientifique, renforcé par les critères de scientificité énoncés ces dernières années, qui a conduit à une certaine décontextualisation en focalisant les recherches sur des objets génériques afin de produire des connaissances à valeur universelle selon le modèle des trois traductions de Michel Callon (2003), développé ci-dessus et que remettent en cause les nouvelles approches évoquées dans les différents courants de agroécologie. Il ne s'agit plus de ramener une partie du monde dans le confinement du laboratoire pour y produire des énoncés à réintroduire ensuite dans le « grand monde ». Il est question de travailler directement dans ce grand monde en prise avec les dynamiques des processus biophysiques et des configurations sociales ainsi que de leurs acteurs. C'est au moins ce à quoi s'attachent les variantes 3, 5 et 6 de agroécologie (selon la typologie de F. Buttel) en réinventant les cadres conceptuels et méthodologiques nécessaires pour réaliser ce travail différemment du modèle canonique, comme par exemple l'illustre la proposition de catégorisation des groupes fonctionnels. C'est probablement une des difficultés des autres variantes que de rester proche conceptuellement – mais tacitement - de ce modèle des 3 traductions tout en essayant d'ouvrir d'autres voies intermédiaires.

Je pense que l'élaboration d'une vision alternative à celle de l'agronomie de ces dernières décennies, qu'on l'appelle agroécologie ou agriculture écologiquement intensive passe par un autre cheminement que celui schématisé par M. Callon. Il ne s'agit pas de changer le grand monde pour le rendre plus proche du laboratoire, comme on l'a fait de la France de la production laitière, mais de rester dans le grand monde et de s'impliquer à le faire changer quand cela se révèle socialement utile. En s'inscrivant dans des démarches constructivistes et systémiques afin que le changement soit un produit émergeant des dynamiques induites par les interventions des chercheurs en interaction avec les autres parties prenantes et non pas comme un processus projeté du laboratoire vers le grand monde. Mais ces démarches restent encore en grande partie à construire. La tâche n'est pas anodine, car l'attente politique se fait pressante de nourrir l'humanité plutôt à partir des plantes modèles les mieux connues, comme le riz, le blé et le maïs, au détriment, par exemple, des plantes à tubercules ou des systèmes agro-forestiers. Et ce dans un contexte relativement paradoxal compte tenu de nouvelles préoccupations, voire des injonctions environnementales, qui ré-incitent l'agronomie à revenir plus près du local, plus près de situations géographiquement et historiquement situées et à s'intéresser à la diversité, à la variabilité, à des processus dynamiques et interactifs, à des interdépendances imprévues…

Un nouveau cahier des charges pour une approche agro-écologique ?

Surmonter le dilemme Production vs. Conservation

C'est la finalité d'un ensemble de nouveaux concepts comme ceux des variantes de agroécologie évoquées précédemment, l'Eco-agriculture (Sherr & McNeely, 2007), les Systèmes de production écologiquement intensifs (Griffon, 2006), *Conservation farming*, les éco-cultures, l'agriculture à Haute Valeur Environnementale issue du Grenelle de l'Environnement, etc. Pour certains, ce ne sont là que de nouveaux cadres scientifiques de l'agronomie orientés 'écologie', pour d'autres il s'agit d'une vision sociale du Développement supportée par une '*value oriented research*' et fondée sur une critique radicale des modèles actuels. On peut en effet interroger l'existence de nouveaux paradigmes derrière ces notions : s'agit-il simplement de l'application à l'agriculture de la 'modernisation écologique', ou tout simplement d'un retour des approches 'systèmes', ou bien d'une alternative à l'agriculture conventionnelle portée par un mouvement social critique ? On voit même s'instaurer des débats disciplinaires : la gestion des agro-écosystèmes relève-t-elle d'une agronomie renouvelée et ouverte aux concepts de l'écologie, ou bien, à l'inverse d'une ingénierie écologique, partant des paradigmes de l'écologie élargis à l'action technique, en alternative à l'agronomie ?

Au-delà de ce que ces acceptions impliquent en termes de paradigme, ainsi que cela a été développé précédemment, elles ont des conséquences pratiques et politiques qui sont loin d'être anodines, car derrière ces différentes acceptions, se profilent des perceptions bien distinctes, voire opposées, sur la question de la frontière agraire :

Pour les uns, il s'agit avant tout de contrôler la 'frontière agraire', c'est-à-dire contenir la mise en culture de nouvelles surfaces au détriment des forêts et des espaces naturels protégés, par le zonage, la création de nouvelles institutions de gouvernance territoriale, des économies d'échelle, le paiement des services des écosystèmes, ou des échanges cognitifs intersectoriels. Il s'agit de développer l'agriculture là où elle est, de façon à garantir – autant que faire se peut – l'alimentation des habitants de la planète (et ils seront aux alentours de 9 milliards dans quarante ans), tout en s'assurant que les principales fonctions écologiques seront préservées au moins dans les espaces non cultivés (« déforestation évitée », « REDD+ », compensation « carbone », etc.) puisqu'on n'est pas certain qu'elles le soient dans les zones dédiées à la production.

Pour d'autres, il s'agit bien de transformer l'agriculture et pas seulement de la recomposer, en travaillant à la fois au niveau territorial et sectoriel afin de :

- créer des mosaïques paysagères, fondées sur une connectivité dynamique entre milieux (des corridors écologiques, des écotones, etc.) et sur l'hétérogénéité de ces différents types d'écosystèmes,

- générer des économies de diversité, de gamme (des agriculteurs, des produits et *outputs*, des connaissances, du matériel génétique) et non plus des économies d'échelle,
- prendre en compte les faisceaux de droits relatifs à l'exploitation des ressources (accès, usage, transmission, dévolution, allocation foncière, matériel génétique…) et pas seulement en termes d'appropriation simple des terres et des ressources.

Selon cette vision, il s'agit bien de dépasser les frontières habituelles entre l'urbain, la campagne et les espaces naturels, en développant les agricultures urbaine et périurbaine, l'agro-foresterie, l'agroécologie, la gestion intégrée des zones humides pas seulement par le drainage, etc. Bref, de jouer à plein les complémentarités entre des espaces et des systèmes de production différenciés, sans marginalisation des territoires 'peu productifs' ni de ceux et celles qui y vivent ! Il s'agit bien de repenser les modes actuels de séparation entre les espaces de productions et les espaces de protection (sanctuarisés), par la conception de mosaïques d'écosystèmes fournisseurs d'une diversité de fonctions et services, dont certains sont qualifiés d'agro-écosystèmes, dans une vision holiste reliant les sociétés à leur environnement à travers la notion de socio-éco-système.

Stratification vs Intégration : une nouvelle frontière agraire à concevoir !

Ainsi s'opposent, de manière un peu caricaturale, deux visions de l'aménagement de l'espace. 1/ La stratification entre espaces et par conséquent entre communautés rurales, qui alors peut conduire à accroître les inégalités en regard des allocations des terres, des droits des peuples indigènes comme des agriculteurs, de la sécurité alimentaire, etc. Elle peut même véhiculer, au nom de la protection de l'environnement une forme d'éco-impérialisme des valeurs du monde occidental en regard des valeurs locales concernant les espèces et les habitats, susceptible de déboucher sur des conflits qui vont s'énoncer en termes de 'justice environnementale'. 2/ L'intégration qui vise, elle, à favoriser la diversité à différents niveaux à partir d'un ensemble de systèmes de production (différentes tailles, types de ménages, produits, disponibilité en travail, etc.), mettant en valeur une diversité de milieux et débouchant sur une meilleure productivité de l'ensemble (valorisant l'hétérogénéité et les complémentarités). Mais cette intégration nécessite de raisonner une nouvelle frontière agraire, en profondeur, car mêlant dans les mêmes espaces une diversité de fonctions et de services (Hubert et Billaud, 2008, Hubert et Caron, 2009). Ainsi, par exemple, la question du développement urbain génère une concurrence accentuée entre espace urbanisé et espace agricole pour les ressources foncières et naturelles (eau potable, bois de chauffe…), sans compter les tensions sociales qui peuvent en découler. Il est donc probablement temps de raisonner autrement ce que serait une véritable agriculture périurbaine et urbaine, qui ne serait pas une concurrente, vaincue d'avance, de l'extension résidentielle ou industrielle. A l'inverse, elle contribuerait au maillage du paysage des villes par des espaces dédiés à la production, non sans poser toutefois des questions à traiter sur la réhabilitation et la conservation des sols pollués par des déchets et des installations antérieures, voire tout simplement soumis aux effets et conséquences des activités urbaines diverses. Elle ne serait pas non plus sans interpeller les dimensions organisationnelles de la mise en marché et de la distribution des biens alimentaires, par la création de circuits courts, échappant pour la plupart aux opérateurs habituels de leur commercialisation. On retrouve ainsi le développement de marchés 'traditionnels' de proximité reliant ainsi consommateurs urbains et producteurs du voisinage. Mais on constate également en Europe, dans certaines villes d'Amérique du Nord, ou dans des pays émergents comme le Brésil, de nouvelles formes de conventionnement direct entre des groupes de consommateurs et des producteurs sur la base de cahiers des charges et de prix garantis définis à l'avance conditionnant un engagement d'approvisionnement des ménages concernés sur toute une campagne de production (Lamine, 2008).

Les défenseurs de l'intangibilité de la première frontière le font de nos jours au nom des enjeux environnementaux. Les questions de biodiversité, de protection des sols, de préservation des ressources en eau et de leur qualité, le ralentissement du changement climatique par la fixation du carbone justifient en effet que l'on arrête de détruire les grandes forêts de la planète

(Amazonie, bassin du Congo…) et de drainer les zones humides pour leur « mise en valeur agricole », sauf éventuellement compensation comme aux États-Unis. Il faut donc alors intensifier sans toucher à la frontière et développer si possible une agriculture plus « propre » sur les espaces qui lui sont dédiés, à l'image de l'éco-agriculture de Jeff McNeely, le directeur scientifique de l'UICN. De ce point de vue, on peut même se demander si les services des écosystèmes, tant vantés aujourd'hui, ne sont pas destinés à assurer une compensation et une garantie vis-à-vis de quelques grands équilibres planétaires, dans l'hypothèse de dérapages techniques divers (contaminants biologiques et abiotiques), face au défi technologique que représente le fait de nourrir, à l'horizon de 2050, 9 milliards d'habitants. Même s'il ne s'agit pas aujourd'hui de présenter cette frontière comme une réserve foncière, la question se posera de toute évidence pour la taïga, quand la disparition du permafrost attisera les convoitises pour la « mise en valeur » de ces sols regorgeant d'une matière organique stockée depuis les dernières glaciations et qui ne demande qu'à libérer du CO2 : quelques belles années avant leur épuisement !

N'est-il pas temps de poser la question autrement et d'instruire une troisième frontière (Hubert, 2010): celle qui supposerait de revisiter les conceptions mêmes et les pratiques de l'activité agricole, de penser autrement cette tripartition du monde entre la ville où se concentre la grande majorité de la population, l'espace rural dédié à la production agricole ou forestière, et les espaces naturels garants d'une offre de nature comme de la préservation des grands équilibres planétaires ? Certes, il s'agira bien de concevoir une diversité et une complémentarité de formes d'agriculture reposant sur des savoirs et des pratiques, des modèles techniques et des circuits de commercialisation qui se singulariseront selon les productions, les situations géographiques, les formes d'action publique, les valeurs culturelles, les engagements sur un mode individuel ou collectif. De telles agricultures pourraient mailler les espaces urbains, pénétrer les lisières forestières pour y introduire des mosaïques écologiques inédites, inventer des façons de produire davantage inspirés de l'écologie que de la chimie, sur les modèles de certaines des variantes de agroécologie rappelées précédemment, au moins celles qui prennent en compte la diversité des modèles et leur implémentation dans l'espace. De telles agricultures réhabiliteraient la diversité et la variabilité du matériel génétique animal et végétal, et sauraient s'accommoder des pentes, des bas-fonds, des lisières, des étages et des strates boisés, pour les respecter tout en produisant… et en se reproduisant. Mais il ne s'agit plus seulement de respecter l'environnement ou, pire, de concilier l'agriculture et l'environnement, mais de faire en sorte que l'environnement soit bien, parmi d'autres, une des productions de l'agriculture.

Pour cela, il est donc nécessaire de sortir d'un monde du cloisonnement où espaces, activités, productions, savoirs et recherche obéissent à la même loi de la spécialisation. Cela conduit à un renversement de point de vue sur la multifonctionnalité de l'agriculture, telle qu'elle est relevée comme un des points essentiels, tant par les recommandations de l'IAASTD (2008) que par le rapport de la Banque Mondiale 2008 dédié aux questions agricoles, et qu'il s'agirait d'informer davantage que ce qui a pu être considéré jusqu'à présent. Une des premières tâches pour lui donner sens consisterait à produire des critères de performances susceptibles d'évaluer la qualité de la manière dont ces différentes fonctions sont réalisées, ne serait-ce qu'afin de pouvoir les mettre en politique et les administrer, si ce n'est pour les rémunérer. On verrait alors que dans un tel schéma, les différents types d'agriculture évoqués dans les paragraphes précédents se complètent plus qu'ils ne sont censés s'aligner sur un modèle unique… Mais il faut alors définir des critères de performance – et une métrologie liée – qui prennent en compte ces complémentarités et ces fonctionnalités à des niveaux d'organisation englobant les exploitations agricoles individuelles, alors que tous les indicateurs actuels s'intéressent à la seule exploitation – quand ce n'est pas à la parcelle ! – et se focalisent majoritairement sur des critères technico-économiques.

Pour un changement de paradigme et une véritable rupture conceptuelle

Il s'agit de se donner les moyens de passer d'un cadre dans lequel un agro-écosystème est vu comme la somme des relations consommations/production dans un environnement considéré comme stable (ou prévisible) au pilotage (*stewardship*) des fonctionnalités des écosystèmes afin de faciliter les « services écologiques » et l'acquisition des savoirs et compétences comme des capacités d'adaptation aux changements (climatiques, politiques, de valeurs, de normes, etc.) en s'appuyant sur des concepts comme : dynamiques, seuils, résilience, noyau de viabilité, processus d'apprentissage, action collective, etc. Une telle approche se fonde sur la co-évolution et les interactions système/environnement en situation d'incertitude, dans l'esprit de l'approche holiste de Bland et Bell. Afin de préciser ce que cela conduit à modifier dans la démarche, les concepts, les méthodes, on pourrait s'appuyer sur les propositions de Paul Thompson (1997) qui distingue, à propos de la gestion des ressources naturelles renouvelables, deux approches :

- une approche classique en termes de « *resource sufficiency* », qui s'appuie sur une vision utilitariste de la nature, sur la conception des ressources comme un capital donné (un stock), qui peut être considéré comme en abondance, renouvelable ou critique et pour lequel les solutions pour maintenir leur durabilité face à leur diminution consistent à diminuer leur taux de consommation, ou augmenter l'efficacité de leur rendement d'utilisation, ou enfin leur substituer d'autres ressources à l'aide d'un changement de technologie. Selon cette vision, l'appréciation de l'état d'un agro-écosystème se réduit à la somme de la création de ressources diminuée de leur consommation, dans un environnement considéré comme suffisamment stable pour que ses variations puissent être ignorées. Elles conduisent à des politiques publiques posées en termes d'amélioration de leur efficience, dans une perspective universelle, toutes choses étant considérées comme égales par ailleurs ;
- une approche innovante, qu'il qualifie de « *functional integrity* », fondée sur un processus de co-évolution, les ressources émergeant des interactions au sein d'un socio-écosystème, dont il s'agit d'identifier les points critiques — d'ordre techniques ou sociaux — qui mettent en danger sa durabilité, c'est-à-dire en l'occurrence ses propres capacités de transformation. Il s'agit alors de s'intéresser à l'ensemble

des activités et des formes d'organisation sociales en interaction. Cette approche débouche sur des politiques adaptées aux situations locales, qui se focalisent sur la sécurisation de ces points critiques et doivent être contextualisées et adaptées, et dont l'application doit faire l'objet d'un suivi et d'évaluations régulières, en évitant des dispositifs prescriptifs et centralisés.

Ainsi, de nos jours, beaucoup de pratiques agricoles (forestières, halieutiques, etc.) ne sont pas durables, voire même contre-productives, parce qu'elles raisonnent uniquement comment des ressources peuvent être produites et exploitées, plutôt que de concevoir les ressources comme dynamiques et se transformant elles-mêmes du fait de leurs connections à des écosystèmes complexes. Il est temps de produire les cadres conceptuels (théoriques, méthodologiques, évaluatifs, etc.) permettant de concevoir d'autres pratiques, respectueuses à la fois des milieux et des sociétés qui les exploitent ! La durabilité doit ainsi être vue comme une propriété émergente des interactions entre les acteurs et leur environnement, et non pas comme une qualité intrinsèque et technique de l'écosystème. Et c'est bien tout le challenge que doivent relever les nouvelles approches qui se réfèrent à agroécologie.

Références bibliographiques

Altieri M.A.,1987. *Agroecology : the scientific basis of alternative agriculture.* Westview Press, Boulder, USA.

Benghozi P.-J., 2010. De nouveaux modèles d'affaires dans l'économie de la connaissance : les leçons des industries de contenu. In Paris T. et Veltz P. (dirs) *L'économie de la connaissance et ses territoires.* Hermann, Paris *:* 263-280.

Bland W. & Bell M., 2007. A holon approach to agroecology. *Int. J. Agric. Sust,*5 (4): 280-294..

Bonneuil C. et Thomas F., 2009. *Gènes, pouvoirs et profits. La recherche publique dans les transformations des régimes de production des savoirs en génétique végétale de Mendel aux OGM.* Ed. QUAE, Versailles.

Béranger C. et Journet M., 2002. *A la recherche d'une agriculture durable. Etude de systèmes herbagers économes en Bretagne.* Coll. Espaces ruraux, Inra, éd., Paris

Béranger C. (sous presse). Les représentations de la prairie dans la pensée agronomique du XXème siècle. Comité d'histoire de l'Inra.

Buttel F., 2003. Envisioning the future developmenet of farming in the USA : agroecology between extinction and multifunctionality ? In *New direction in Agroecology Research and Education :* 1-14.

Callon M., 2003. Science et société : les trois traductions. *Les cahiers du MURS,* n° 842 : 54-69.

Chazal, P., Dumont, R., 1955. *La Nécessaire Révolution fourragère et l'expérience lyonnaise*, Paris, *Le Journal de la France agricole.*

Chevassus-au-Louis B., 2006. *Refonder la recherche agronomique.* Les défis de l'agriculture au XXIème siècle. Leçons inaugurales du groupe ESA. : 193-226.

Conway G., 1997. *The Doubly Green Revolution*

Deverre C., 2005. Les dispositifs réglementaires et institutionnels pour la gestion des usages agricoles du territoire. De l'aménagement au ménagement. In : Laurent C., Thinon P. (dir), *Agricultures et Territoires*, Hermès-Science, Paris : 269-281

Dumont R., 1957. Recherche du meilleur ordre de priorité des investissements agricoles. *Economie Rurale,* 31 : 15-19.

Dumont R., 1958. Un schéma de modernisation agricole : Vendée et Loire-Atlantique. *Ann. Géographie,* 67 (361) : 206-215.

Furet, F., 1978, Penser la révolution française, Paris, Gallimard.

Griffon M. 2006, *Nourrir la planète – Pour une révolution doublement verte*, Editions Odile Jacob, 455p.

Hervieu B. 2002. Préface In *Repenser les campagnes.* P. Perrier-Cornet (dir.). Ed. De l'Aube, 280 p.

Hubert B. 2010. Une troisième frontière agraire à explorer ? In Gaudin T. et Faroult E., éds. *Comment les techniques transforment les sociétés.* Colloque de Cerisy, L'Harmattan, coll. Prospective, Paris : 139-150.

Hubert B. et Billaud J.P. 2008. Pour ne plus avoir d'émeutes de la faim : une troisième frontière agraire à explorer ? *Natures Sciences Sociétés,* 16(2) : 109-110.

Hubert B., Brossier J., Caron P., Fabre P., de Haen H., Labbouz B., Petit M. & Treyer S. 2010. Forward Thinking in Agriculture and Food. A platform for a dialogue to be continud. Perspective, 6, CIRAD éd., Monptpellier, France

Hubert B. et Caron P. (2009) : Imaginer l'avenir pour agir aujourd'hui, en alliant prospective et recherche : l'exemple de la prospective Agrimonde. *Natures Sciences Sociétés,* 17 (4) :417-423.

Hubert B., Deverre C. and Meuret M., 2010 : Deux siècles de changements radicaux pour les parcours du Sud de la France. In M. Meuret (coord.) *Un savoir – faire de bergers.* Educagri & QUAE, éd.Dijon – Versailles, : 27-41.

IAASTD, 2008. International Assessment of Agricultural Knowledge, Science and Technology for
Development, *Synthesis Report*, Island Press Washington, DC, 2009
Lamine C., 2008. *Les AMAP, un nouveau pacte entre producteurs et consommateurs*, Ed. Yves Michel.
Licoppe C., 1993. Du singulier au régulier. In *Les objets dans l'action. Raisons pratique, 4* .EHESS, Paris : 217-239.
Micoud A., 2003. Ces bonnes vaches aux yeux si doux. *Communications*, 74 : 217-237.
Pochon, A., 2008. *Agronomes et paysans. Un dialogue fructueux.* Coll. Sciences en question, QUAE, ed., Versailles, 70p.
Scherr S. J. & McNeely J.A., 2007. *Farming with Nature: the science and practice of Ecoagriculture,* Island Press, Washington, DC, USA.
Thévenot L. 1986. Les investissements de forme. In Thévenot L. *Conventions économiques*. Paris: CEE-PUF, p. 21-71.
Thompson P. B., 1997. Sustainabilty as a Norm. *Phil. & Tech.* 2:2, 75-93.
Vissac B., 2002. *Les vaches de la République : saisons et raisons d'un chercheur citoyen*. INRA Ed., Coll. Espaces ruraux : 505 p.
Voisin A., 1957. *La productivité de l'herbe.* Flammarion, Paris, 432 p.
Voisin A., 1960. *Dynamique des herbages, devons-nous retourner nos prairies pour les améliorer ?*, Paris, Ed. La maison rustique, 319 p.

CHAPITRE V

L'agroécologie, du concept à la politique publique

Gustavo Tito
et Mariana Marasas

Introduction : qu'est-ce que l'agroécologie ?

Le concept d'agroécologie est utilisé dans de plus en plus de domaines, avec des significations différentes, ces dernières confondant parfois son origine et son interprétation. Il est fréquent de parler d'agroécologie comme d'une manière de faire de l'agriculture, ou comme d'un ensemble de techniques et d'outils plus respectueux de l'environnement, ou d'une agriculture sans pesticides, etc. De cette idée dérive celle d'une agroécologie qui produirait plus que l'agriculture conventionnelle, ou des expressions telles que « marchés agroécologiques » ou « nouvelles technologies agroécologiques »... Cependant, le concept est beaucoup plus complexe qu'un ensemble de techniques respectueuses de l'environnement ou du marché. Aujourd'hui, le monde scientifique et technologique parle d'agroécologie comme d'une discipline scientifique, et les mouvements sociaux prennent l'agroécologie comme une stratégie de lutte pour faire avancer la souveraineté alimentaire. Cette diversité de concepts, d'idées et de définitions de l'agroécologie dénote la richesse générée par l'approche agroécologique et le moment historique dans lequel cette variété d'interprétations et d'expressions peuvent et doivent être utilisées.

Ce chapitre a pour objectif de présenter le cadre conceptuel et méthodologique agroécologique adopté par l'IPAF[43] de la région

[43] Instituto de Investigación y Desarrollo Tecnológico para la Pequeña Agricultura Familiar

pampéenne, ainsi que d'expliquer le rôle et le fonctionnement des exploitations agricoles familiales, et le rôle de l'INTA[44] dans ce contexte en matière de recherche et de développement technologique en Argentine.

L'agroécologie : un concept basé sur un paradigme émergent

Chaque moment de l'histoire est caractérisé par un système de pensée qui définit et légitime une manière particulière de penser. Un paradigme est couramment défini comme une vision du monde qui est hégémonique à un moment historique donné. Dans la lignée de Kuhn (1978), nous proposons de considérer qu'à partir d'un paradigme dominant, légitimé par un système de pensée, peuvent apparaître des paradigmes alternatifs qui doivent à la fois satisfaire deux exigences : 1) être capable de donner des réponses aux contradictions que le paradigme dominant ne peut pas résoudre, 2) être capable de fournir des réponses aux nouvelles questions, réponses que le paradigme dominant ne peut pas fournir. Les deux paradigmes (dominant et alternatif) peuvent coexister dans l'espace et dans le temps.

Actuellement, un besoin de plus en plus prégnant se fait sentir pour générer de nouvelles réponses aux problèmes relativisés ou ignorés par le paradigme qui a dominé la pensée scientifique pendant le siècle dernier. Construire une nouvelle façon de comprendre et d'expliquer les problèmes actuels devient ainsi une urgence dans différentes sphères sociales. En suivant la proposition de Martinez Miguelez (1993), nous définissons cette nouvelle approche comme un paradigme émergent, afin de mettre l'accent sur son statut de construction et de définition, par opposition au paradigme précédent (Guzman Casado et al, 2000).

L'agroécologie s'inscrit selon dans ce contexte de paradigme émergent. En tant que science en construction, elle peut générer des connaissances et des solutions techniques dans un contexte hégémonique défavorable, dans lequel les exploitations agricoles familiales peuvent faire preuve d'une certaine résistance au changement. Il est donc absolument nécessaire de développer une

[44] Instituto Nacional de Tecnología Agropecuaria

stratégie visant à établir une relation dialectique entre l'agro-écologie et une réalité sur laquelle les acteurs ont un point de vue très divergent. Il est essentiel que les propositions du paradigme émergent soient proches de l'essence même de l'agroécologie : elles doivent défendre la pluralité des connaissances et leur aspect multidimensionnel (intégrer différentes perspectives de compréhension d'un même phénomène, car il n'y a pas une seule façon d'aborder un problème), et doivent être orientées vers la compréhension des agro-écosystèmes dans un contexte naturel (eau, sol, énergie, plantes et animaux) et culturel (ethnique, religieux, politique, économique).

L'agroécologie dans une perspective de durabilité

L'agroécologie est basée sur les principes de la durabilité. Dans ce cadre, il faut définir clairement les relations entre l'homme et l'écosystème. Le défi de la durabilité est d'établir des relations nouvelles entre les écosystèmes et les sociétés, et leurs processus de développement, sans perdre de vue une vision à long terme qui favorisera la conservation des ressources naturelles et la qualité de vie de la population. La durabilité est conçue comme une construction sociale complexe et dynamique où s'articulent des processus écologiques, sociaux, culturels, éthiques, politiques et économiques étroitement liés au développement (Caporal et Costabeber, 2002). Cela exige de revoir les notions de croissance et de développement, de production et de consommation, ainsi que de redéfinir l'accès aux ressources naturelles et leur utilisation responsable. Le défi est donc de construire une nouvelle relation société/nature.

Une condition préalable pour pouvoir se baser sur les principes de durabilité est de faire progresser la capacité d'un agro-écosystème pour maintenir la production dans le temps par rapport aux changements externes, et de tenir compte des contraintes environnementales et des pressions socio-économiques (Sarandón, 2002). Une autre condition à prendre en considération dans le concept de durabilité est son approche multidimensionnelle. On doit envisager une construction dynamique et sociale complexe et des facteurs écologiques, sociaux, culturels, éthiques et économiques.

Par conséquent, le concept de durabilité n'est pas statique. Il est dynamique, flexible et dépendant des caractéristiques du processus de développement. Nous prenons comme base la proposition de Gliessman (1990) qui stipule que « la durabilité n'est pas un concept absolu, mais elle n'existe qu'à travers des contextes créés dans l'articulation d'un ensemble d'éléments permettant la permanence dans le temps des mécanismes sociaux et écologiques de reproduction d'un « ethno-écosystème » ". La durabilité que nous recherchons à travers l'agroécologie doit être construite à partir des actions qui prennent en compte l'homme (comme un acteur social), son environnement naturel (l'écosystème dans lequel l'homme vit) et ses relations avec les autres (Figure 4). Il doit donc prendre en compte l'utilisation de ces ressources et permettre que les cycles des matières (biotiques et abiotiques) soient aussi fermés que possible et que les flux d'énergie soient efficaces dans l'agro-écosystème. Cela exige également d'établir des mécanismes biotiques pour régénérer les milieux dégradés, afin de permettre à long terme l'entretien des capacités productives des écosystèmes agricoles. Enfin, l'agroécologie doit garantir qu'aucune modification fondamentale de l'environnement ne puisse entraîner des changements importants dans les flux d'énergie et de ressources. Ces conditions permettent le bon fonctionnement de l'agrosystème, ce qui signifie la tolérance ou l'acceptation de conditions biophysiques parfois difficiles. On doit aussi considérer la rupture des formes de dépendance qui menacent les mécanismes de reproduction, qu'ils soient de nature écologique, socio-économiques et/ ou politique. Dans ce contexte, il est important de souligner l'importance de l'amélioration biologique et socio-culturelle de la biodiversité, de la récupération, de la régénération et/ou de la création des connaissances locales pour consolider des systèmes durables.

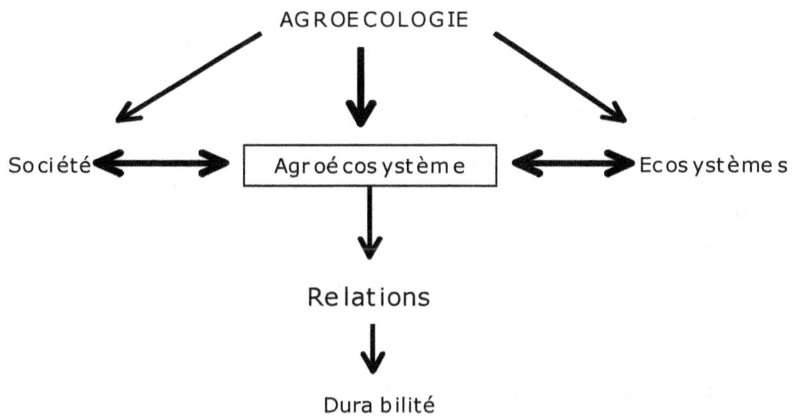

Figure 4 : Schéma des interactions et des relations entre les éléments qui définissent l'agroécologie

L'agroécologie comme approche scientifique

L'agroécologie en tant que discipline scientifique fournit des connaissances utilisant des principes écologiques et permettant d'étudier, de concevoir et gérer des agro-écosystèmes. Il s'agit d'entretenir les ressources naturelles au fil du temps, et de minimiser la dépendance aux intrants externes grâce à la mise en valeur des ressources locales et des services écosystémiques et en incorporant activement les intérêts et les connaissances des agriculteurs (Altieri, 1995 ; 2002). L'objectif est la génération de nouvelles connaissances fondées sur cette approche multidimensionnelle des problèmes. En outre, les agro-écosystèmes sont désormais perçus comme des systèmes dont les nombreux composants, environnementaux, économiques et sociaux, sont en interaction (Gliessman, 2002). Ce sont ces interactions complexes et l'équilibre entre ces éléments qui permettent d'élaborer des stratégies de développement durable des agro-écosystèmes et des éléments qui contribuent à une transition. Par conséquent, et en tant que science, elle apparaît dans le cadre d'un paradigme émergent qui remet en question la science conventionnelle basée sur un paradigme réductionniste cartésien (Viglizzo et al., 2001).

En agroécologie, les systèmes productifs sont des écosystèmes (agro-écosystèmes) gérés par l'Homme, où l'on préserve les principes écologiques qui fonctionnent et qui permettent de rendre ces systèmes plus stables et résilients (Gliessman,1990 ; Altieri,1995 ; Hecht,1991). Cette approche est donc sensiblement différente du modèle agronomique conventionnel, fondé sur la diffusion de paquets technologiques uniformes, car elle met en avant les besoins des producteurs et leurs réalités, en fonction des conditions agroécologiques et socioculturelles locales. Cette diversité des situations, essentiellement locales, ne peut pas se comprendre de façon universelle : on ne peut donc pas fournir de mode d'emploi visant à réaliser des systèmes agroécologiques.

L'agroécologie pose ainsi la question de la production agricole à partir d'un dialogue de savoirs entre les chercheurs, les agriculteurs et les paysans, entre les connaissances traditionnelles et scientifiques. Elle doit mettre au point des technologies pour produire de façon saine et durable, en respectant la diversité culturelle et biologique, et les contraintes de la nature. Cette pensée complexe (Morin, 1974) reconnaît les relations des Hommes entre eux et avec leur environnement. Elle doit être capable de lier les diverses connaissances scientifiques avec les connaissances traditionnelles des agriculteurs. L'agriculture traditionnelle des paysans indigènes d'Amérique Latine a eu une influence particulière sur cette approche, les chercheurs ayant progressivement reconnu que les systèmes traditionnels avaient une gestion axée sur des bases écologiques (Guzman Casado et al 2000 ; Gliessman, 2002).

L'agroécologie propose d'utiliser les connaissances issues des sciences classiques, mais aussi de dépasser leurs limites en intégrant des savoirs empiriques, populaires et traditionnels, dont la validité n'est pas forcément démontrée par les méthodes scientifiques classiques, mais dont on reconnaît aujourd'hui l'importance.

Le défi en agroécologie consiste à générer des connaissances à partir de méthodes novatrices et de stratégies pour la « re-contextualisation » entre les connaissances antérieurement accumulées et les nouvelles (Cadre de référence en agroécologie, EMBRAPA, 2006). Pour relever ce défi, tel qu'il est posé par l'EMBRAPA, il faut trouver des stratégies pour « déconstruire » les schémas de connaissances et les méthodes de production qui provoquent la dégradation sociale et environnementale, afin de générer une construction ou une « reconstruction » en accord avec le paradigme émergent. En ce sens, le défi consiste à distinguer les aspects à « déconstruire » de ceux à approfondir lors de la « reconstruction » des stratégies d'adaptation pour le développement de la recherche scientifique agroécologique.

En 2007, la Société Scientifique Latino-américaine d'Agro-écologie (SOCLA) a été créée. Son but est de promouvoir la réflexion, la discussion et l'échange scientifique sur l'agroécologie et de fournir des informations pertinentes au mouvement agroécologique en Amérique latine grâce à des apports scientifiques en agroécologie (Altieri, 2008). La SOCLA considère qu'une vision sérieuse et réaliste de l'agriculture latino-américaine doit inévitablement tenir compte des objectifs suivants comme condition préalable à l'amélioration de la durabilité agricole sur le continent : 1) réduire la pauvreté, 2) préserver et régénérer les ressources naturelles, 3) concevoir des agro-écosystèmes biodivers, productifs et résilients, 4) promouvoir la souveraineté alimentaire au niveau local et régional, 5) inciter les communautés rurales à participer au processus de développement, 6) créer des partenariats institutionnels qui facilitent un processus participatif et autochtone de développement, 7) promouvoir des politiques agricoles qui favorisent le développement agricole durable et les marchés locaux.

Comment construire des connaissances agroécologiques ?

Formes de production de connaissances

Pour que les principes de gestion agroécologique se concrétisent et soient appropriés par les exploitations agricoles familiales, il convient de définir des approches et méthodes spécifiques. Il en va ainsi des partenariats efficaces avec la participation active des organisations paysannes, de la recherche participative, de la responsabilisation des communautés afin qu'elles participent à la définition des programmes de recherche, tant dans le processus de recherche que dans l'appropriation de ses résultats. Il en va également de la mise à l'échelle des initiatives locales réussies dans le développement agricole durable, du développement d'indicateurs de durabilité pour les techniques de surveillance, ou du suivi et de l'évaluation d'une approche utilisée de manière qualitative et quantitative.

Recherche-action participative (RAP)

> « *La recherche participative est un processus d'interaction créative au sein des communautés rurales (y compris les périurbaines), par lequel les connaissances locales et scientifiques sont combinées et développées sur un pied d'égalité pour trouver des solutions aux problèmes des producteurs, en tirant pleinement parti des opportunités et des ressources locales* » (Guzman Casado et al., 2007).

La RAP a comme point de départ un principe d'action au sein de la communauté, selon une double stratégie qui vise à apporter des changements et à produire des connaissances scientifiques dans une perspective compréhensive.

Le concept de recherche-action prête à confusion, et il est donc nécessaire de clarifier la portée qui lui est donnée ici et les relations entre RAP et recherche classique. La recherche-action participative a des similitudes et des différences avec la recherche classique. Ce qui leur est commun est la visée de connaissances valides et vérifiables, c'est-à-dire scientifiques. La différence est de savoir *qui* définit le problème de recherche et *qui* génère, analyse, possède et utilise les connaissances générées. Le point de départ est de reconnaître le rôle des individus (les producteurs) comme acteurs, vecteurs de changement et partenaires dans la production de connaissances.

La RAP passe par l'établissement d'un dialogue entre les agents de développement, les producteurs, les chercheurs, et à certains moments avec les décideurs politiques afin que de telles synergies puissent être traduites en actions concrètes.

La RAP doit permettre aux producteurs la pleine expression de leurs problématiques, de leurs intérêts et de leurs souhaits afin de construire progressivement, dans un contexte de véritable communication, les questions de recherche et résoudre les problèmes identifiés. Les chercheurs, les agents de développement et les décideurs politiques sont en effet tous acteurs dans cette résolution des questions (et devraient apporter leurs connaissances sans aucune prétention ou perspective privilégiée). Dans ce processus, ces acteurs se mettent d'accord sur les multiples tâches à engager, certaines visant à produire des connaissances spécifiques de l'approche de la RAP, d'autres étant liées à des problèmes spécifiques, mais toutes sont orientées par le processus de la RAP.

Par conséquent, la RAP est définie comme :

- Un processus de production de connaissances fondé sur le dialogue et l'intégration des connaissances à partir de la pratique ;
- La reconnaissance du producteur comme sujet de connaissance et non pas seulement comme objet de recherche (ou simplement bénéficiaire) ;
- Elle implique un travail partagé de recherche, d'analyse, de conceptualisation et de systématisation dans le processus de production des connaissances.

Le rôle et l'action des organisations de paysans et d'exploitants agricoles

L'agroécologie est née en tant que science, mais elle est également devenue un modèle de développement pour les mouvements sociaux prônant une société plus juste, fondée sur la souveraineté alimentaire. On observe ainsi la croissance de mouvements sociaux et de publications d'alerte de certaines personnes comme Carson (1962) dans "Silent Spring " ou Vandana Shiva (1991) dans « Thc violence of the green revolution ». Ces auteurs appellent à une production équitable d'aliments plus sains, dans laquelle la protection, la conservation des ressources naturelles et la souveraineté alimentaire sont fondamentales. Des organisations présentes dans le monde entier, regroupées sous le Via Campesina Internationale et sous le MAELA (Mouvement Agroécologie pour l'Amérique latine et les Caraïbes), adoptent l'approche agroécologique comme une stratégie/philosophie/conduite de vie. Dans le dossier « L'agriculture familiale durable peut nourrir le monde » de la Via Campesina (2011), de nombreux auteurs affirment que l'agroécologie peut produire plus et nourrir le monde, en mettant en avant le fait que les petites fermes sont plus productives que les grandes et que les monocultures dépendent des intrants chimiques (Rosset, 1999 ; Badgley et al, 2007 ; Pretty, 1997). Au Brésil, par exemple, l'AS-

PTA (Orientation et Services pour les Projets en Agriculture alternative) promeut l'agroécologie auprès des communautés agricoles depuis plus de 20 ans. Le directeur de la politique publique à l'AS-PTA, Jean-Marc von der Weid (2001), affirme ainsi que « le modèle alternatif de développement que représente l'agroécologie et l'estime de soi qu'elle porte en elle a rencontré les attentes des agriculteurs ». Au Mexique, à Jalisco, le Réseau des Alternatives Durables dans le Domaine Agricole (RASA) a adopté l'agroécologie comme base conceptuelle et a regroupé l'éducation populaire et ses activités en trois domaines : la formation, l'orientation et le commerce équitable. Le réseau comprend plus de 150 familles rurales dans 17 municipalités.

En Argentine, plusieurs organisations ont adopté l'agroécologie comme stratégie pour construire la souveraineté alimentaire et de nombreux autres l'ont mentionné dans leurs documents : Bureau provincial de producteurs familiaux de Buenos Aires[45], le Mouvement Agroécologique Chaqueño[46], le Mouvement National Paysan Indígene[47], le Mouvement Paysan de Libération[48], le Forum National de l'Agriculture Familiar[49], entre autres. Ils considèrent tous l'agroécologie comme une stratégie pertinente pour atteindre des niveaux plus élevés de durabilité et comme outil dans le conflit pour la souveraineté alimentaire. Les organisations représentant les exploitations agricoles familiales ont ainsi commencé à débattre et à faire entendre leurs revendications : « *Nous savons que ce modèle qui marchande des ressources naturelles et génère une agriculture*

[45] http://www.mesapopfam.org.ar/

[46] « Documentos » Movimiento Agroecológico del Chaco, Argentina www.altaalegremia.com.ar/.../Movimiento_Agroecologico_Chaco.html

[47] Movimiento Nacional Campesino Indígena: "Campez pour la souveraineté alimentaire et contre les Agroaffaires » http://www.movimientos.org/imagen/Arg%20Minga%20Global%20y%20CLOC%20ACAMPE_MNCI.pdf. Movimiento Nacional Campesino Indígena: "L'Agroecologie peut doubler la production alimentaire en 10 ans, selon le nouveau étude de l'ONU », avril 2011. http://ust-mnci.blogspot.com/2011/04/la-agroecologia-puede-duplicar-la.html.

[48] Revista Acción edición 1070 : http://www.acciondigital.com.ar/15-03-11/entrevistas.html

[49] Foro Nacional de la Agricultura Familiar. 2006. Document sur les lignes générales des politiques publiques orientées vers l'élaboration d'un plan stratégique pour l'agriculture familiale.

de dépendance, répond à de puissants intérêts privés qui menacent la souveraineté des peuples et des Etats ".

L'agroécologie prend donc une importance croissante aujourd'hui dans le domaine de la production de connaissances. Son approche scientifique peut apporter des connaissances prises en compte par les mouvements sociaux, qui incorporent comme modèle celui de l'agroécologie pour lancer un débat public sur le type de développement des sociétés. Ce débat s'installe inévitablement dans la sphère politique pour discuter des modèles de développement agricole.

Le rôle de l'Etat dans l'agroécologie. L'exemple de la mise en œuvre de l'agroécologie au sein de l'INTA

Ce contexte génère un espace et de nombreux échanges et réflexions tentant de mobiliser les autorités et les institutions de l'État. Il met en évidence le rôle prépondérant que ce dernier devrait prendre pour promouvoir des stratégies visant à stimuler l'agroécologie, à partir d'actions concrètes de politiques publiques tournées vers le développement durable et la souveraineté alimentaire. L'Etat a en effet un rôle clé pour coordonner tous les intervenants impliqués dans la recherche, la vulgarisation, la formation et la gestion. Il a la capacité réelle de réaliser des actions à travers les différents pays et de permettre la possibilité d'intégrer les organisations et/ou les producteurs peu organisés. Il ouvre le débat théorique avec tous ceux qui sont impliqués dans l'agriculture familiale et développe des politiques publiques pour ce secteur avec une approche agroécologique. Enfin, l'État a un rôle central pour stimuler les recherches scientifiques et notamment pour :

1. Créer des occasions de réflexion et de confrontation avec le paradigme dominant, permettant de comprendre la réalité sous un angle différent ;
2. Maintenir le retour d'expériences de terrain, la recherche et la réflexion théorique ;
3. Assembler des équipes interdisciplinaires d'experts (nationaux et internationaux) afin de renforcer les espaces de formation.

Au cours des 50 années d'histoire de l'INTA, son système de recherche et de vulgarisation est resté lié à la structure organisationnelle de l'institution fondée sur des centres de recherche sur les questions nationales, des stations régionales d'expérimentation et des unités de développement au niveau local. C'est l'articulation entre ces unités qui doit permettre le transfert des connaissances produites aux producteurs. Au sein de ce schéma, l'INTA a créé des programmes nationaux ou régionaux pour le secteur rural. Le Programme Unidad de Minifundio, destiné aux petits paysans, est le premier de ces programmes, lancé par l'INTA en 1987, avec un financement exclusivement publique. En 1990, est né le programme Pro-Huerta (avec la participation et le financement du Ministère du Développement Social et du Ministère de l'Agriculture, de l'Alimentation, de la Pêche et de la ruralité ; voir le chapitre de Roberto Cittadini dans cet ouvrage) dédié à l'aide alimentaire de régions pauvres (de moins en moins rurales) en promouvant l'autoproduction d'aliments. À partir de 1993, le Programme Cambio Rural vise à fournir une assistance technique et financière aux petits et moyens agriculteurs. En 2003, l'INTA (avec des fonds de l'État) a lancé un Programme pour les agriculteurs familiaux (ProFam) pour les petits producteurs familiaux. Le programme PROINDER (financé par la Banque Mondiale) a également été précurseur, ainsi que le Programme Social d'Agriculture de la SAGPyA[50]. Ces deux programmes nationaux proposent des politiques sous forme d'interventions pour résoudre les problèmes des plus vulnérables, face à la croissance exponentielle des niveaux de pauvreté pendant les années 1990.

Il devient ainsi possible de construire un paradigme alternatif, avec notamment :

- Des programmes d'intervention qui ont mis en place des processus intéressants avec les différents publics avec lesquels ils travaillaient, conscients de l'intérêt de travailler en groupes (groupes de Cambio rural) ou en petits projets (par exemple FECOAGRO : Promoteurs réseaux provinciaux PROHUERTA) et zones franches.
- La participation massive d'agronomes à ces programmes a contribué à former des techniciens avec une grande

[50] Secretaría de Agricultura, Ganadería, Pesca y Alimentos de la Nación

conscience critique et un fort engagement social. Malheureusement, au niveau de la formation académique, aucun changement important ne s'est encore produit (voir chapitre de Sarandon et Flores).

- Un travail actif avec les petites exploitations familiales pour discuter des limites des technologies disponibles et mettre en œuvre réellement des alternatives. Cette expérience est certainement l'un des facteurs qui a contribué à la décision de la création du CIPAF.

Ainsi, des organisations représentant les exploitations familiales ont fait appel au secteur public pour pouvoir répondre aux problématiques dans une perspective globale. En ce sens et à partir de 2003, les organisations ont espéré beaucoup des politiques nationales et provinciales destinées à renforcer l'agriculture familiale. L'État a alors pris la responsabilité de créer une structure qui réponde à ces enjeux, politique publique acceptée et approuvée par la société. Le Plan Stratégique Institutionnel (PEI) 2005-2015 de l'INTA, publié fin 2004, contient en effet des éléments intéressants sur ces transformations. En analysant l'ensemble du document, on peut constater que le spectre de préoccupations dépasse la quête habituelle du développement productiviste et incorpore de nouvelles questions comme la durabilité écologique, économique et sociale (équité) des moyennes et petites productions. Le premier objectif cherche à approfondir le modèle traditionnel d'agro-exportation pour s'engager dans de nouvelles problématiques.

En 2005, le Programme National de Recherche et Développement Technologique pour l'Agriculture Familiale est né dans le but de générer, d'adapter et de valider les technologies appropriées pour le développement durable de la petite agriculture familiale (PAF) (voir encadré 1). En avril de cette même année a été présenté son Document Fondateur[51], qui établit le cadre conceptuel et méthodologique du programme et forme un réseau à travers la création d'un Centre de Recherche et du Développement Technologique pour la PAF (CIPAF), et la mise en place d'instituts distribués par région. Le CIPAF donc est créé le 26 août 2005, avec

[51] http://www.inta.gov.ar/cipaf/noa/infoboletin/documentobase.pdf

trois instituts régionaux : la région de La Pampa, la région Noreste (NEA) et la région Noroeste (NOA), pour "*planifier et conduire des activités de recherche fondamentale et appliquée, des approches et des processus participatifs et dans le but de générer une technologie adaptée à la petite agriculture familiale* », conformément aux politiques établies par le conseil d'administration et le Plan stratégique institutionnel (PEI) pour 2005-2015[52]. En 2010, l'IPAF de la région de Cuyo et en septembre 2011, l'IPAF de la région Patagonie, sont créés.

[52] http://www.inta.gov.ar/cipaf/cipaf.htm

Générer des technologies appropriées. Cela met en avant la nécessité de développer les technologies de production et d'organisation étroitement liées à des caractéristiques socio-économiques et culturelles, et l'apport en facteurs et ressources disponibles pour la PAF.

Promouvoir la recherche participative (recherche/action). La mise en œuvre de méthodologies participatives de recherche et de développement devrait encourager un dialogue direct et horizontal entre les acteurs (producteurs, techniciens et chercheurs) pour promouvoir le processus de génération des connaissances basées sur l'intégration interdisciplinaire des connaissances à partir de la pratique. Cela implique un effort partagé de recherche, d'analyse, de conceptualisation et la systématisation du processus de production des connaissances.

Renforcer la sécurité et la souveraineté alimentaire. La sécurité alimentaire veut dire le droit minimum de chaque famille à "*avoir accès à suffisamment de nourriture pour une vie saine de tous ses membres et ne pas être exposée à des risques de perdre cet accès ». La souveraineté alimentaire est « la responsabilité qu'ont les individus, les peuples, les communautés et les pays à définir leurs propres politiques sur l'agriculture, le travail, la pêche, la nourriture et les terres, en sorte qu'elles soient écologiquement, socialement, économiquement et culturellement adaptées à leur situation unique. Ceci inclut un véritable droit à l'alimentation et à la production alimentaire, ce qui signifie que tous les peuples ont le droit à une alimentation saine, nutritive et culturellement appropriée, à des ressources pour la production alimentaire, et à la capacité de subvenir à leurs besoins et à ceux de leurs sociétés*' .

L'autonomisation des parties prenantes. Le développement de la PAF n'est pas seulement une question de disponibilité des technologies appropriées. Aucun développement n'est possible sans des acteurs qui soient des protagonistes actifs. Il n'y a pas d'innovation technologique durable sans reconnaissance sociale fondée sur des principes scientifiques, éthiques et durables.

Encadré 2 : Principes du Programme National de Recherche et Développement Technologique pour l'Agriculture Familiale[53]

[53] Documento base para la creación del Programa nacional para la investigación y desarrollo tecnológico de la Agricultura familiar - INTA, elaborado por una comisión de trabajo (Cittadini, R.; Catalano, J.; Gómez, P.; Catullo, J.; Díaz, D. y Elverdín, J.) creada con esa finalidad. Abril de 2005.

Il est important de noter que les organisations paysannes et des producteurs ruraux périurbains et urbains comptent de plus en plus d'espaces de participation au sein de l'Institution. Ils s'organisent autour des Conseils Consultatifs des différents IPAF et des Comités Techniques des Projets de recherche et de vulgarisation. Dans ce cadre, les secteurs liés à la petite agriculture familiale sont reconnus comme des acteurs sociaux importants aujourd'hui en Argentine. De 2003 à ce jour, s'ajoutent à cet engagement de l'INTA une série d'actions de l'Etat. Ce sont essentiellement des outils institutionnels tels que le Bureau de l'Agriculture Familiale, la Commission Nationale de Micro-crédit, du Ministère du Développement Social, la Commission SENASA[54] pour l'Agriculture Familiale, le Programme National du périurbain et les Bandes Municipales Agroécologiques. Au sein des institutions académiques, de nombreuses écoles d'agronomie intègrent l'agroécologie sous différents aspects. Celle-ci est enseignée pendant la préparation d'un diplôme ainsi qu'à partir du troisième cycle sous forme de différents masters. Ces actions s'inscrivent dans le cadre d'une politique publique bien que l'approche agroécologique ne soit pas formulée de façon explicite. Ces actions sous-tendent un scénario favorable pour une construction qui associe les organisations des petits exploitants agricoles et les politiques publiques engagées dans le secteur.

La recherche et développement technologique en agro-écologie en Argentine

En 2010 est approuvé au sein de l'INTA un projet national dans le champ stratégique des Ressources Naturelles appelé : "Projet de réseau pour la création et le développement de technologies basées sur l'agroécologie et la production biologique". Il a pour objectif le développement des connaissances, des méthodes, des compétences et des technologies pour des systèmes agroécologiques durables et pour une production biologique. Parmi ses objectifs spécifiques, le projet propose pour les dix prochaines années de générer, réunir et collecter des connaissances qui contribuent au processus de transition agroécologique et de production biologique en

[54] Servicio Nacional de Sanidad y Calidad Agroalimentaria

augmentant l'agrobiodiversité des agro-écosystèmes. Il reconnaît également la nécessité de renforcer les ressources en agroécologie et agriculture biologique, y compris la sauvegarde et la récupération des différentes espèces pour la sécurité et la souveraineté alimentaire. Enfin, il considère que pour relever ce défi, il convient de créer un Réseau National en Agroécologie et en Agriculture Biologique. Ce projet « Cluster » d'une durée de 3 ans (2010-2013), avec possibilité de renouvellement, est fondé sur trois principes :

La recherche-action participative pour les processus de transition vers des systèmes de production agricole écologique

L'objectif global de ce projet est d'étudier le processus de transition agroécologique pour l'agriculture familiale et de produire des connaissances qui contribuent au développement de pratiques agricoles durables. Cette initiative vise à développer les actions suivantes : créer, récupérer et valider des technologies de procédés de production appropriés pour les producteurs familiaux qui favorisent des systèmes plus autonomes et durables. Pour cela, il est nécessaire de développer les connaissances sur les composantes de l'agro-écosystème et les pratiques qui déterminent leur structure et leur fonctionnement. Enfin, il est prévu de construire un réseau de fermes de référence pour renforcer la transition agroécologique.

L'agro-biodiversité des systèmes de production des agriculteurs familiaux

Il s'agit de générer des connaissances pour promouvoir et améliorer l'agro-biodiversité des agro-écosystèmes des exploitations familiales de façon participative. Pour cela, il faut évaluer la performance du matériel génétique dans les agro-écosystèmes et promouvoir le développement des ressources retenues pour améliorer la biodiversité. Il est projeté de concevoir et de valider, au fur et à mesure de l'avancée du projet, des protocoles pour la sélection, la conservation et la multiplication *in situ* des ressources sélectionnées à partir d'une approche agroécologique participative, et de décrire les ressources choisies en fonction de leurs caractéristiques botaniques, agroécologiques, nutritionnelles et/ou thérapeutiques.

Le développement et la diffusion de technologies pour la production agroécologique

L'objectif global est de générer des connaissances pour atteindre une production durable des systèmes productifs extensifs et intensifs du pays, par le biais de l'étude des aspects environnementaux, nutritionnels, de la biodiversité et de la qualité des sols, en parallèle au rendement des cultures et au bien-être des animaux. Il s'agit également de former les producteurs, les techniciens, les institutions liées à la production biologique, les actions gouvernementales officielles et les entreprises privées, dans la gestion durable de ces productions. En plus de satisfaire ces objectifs, ces projets visent à promouvoir la nécessité d'instances d'articulations à d'autres projets nationaux et régionaux de l'INTA pour renforcer et réalimenter les connaissances acquises et pouvoir les mettre à la disposition du secteur agricole familial.

Conclusion

Cette réflexion rend compte du travail, certes récent mais intense, mené par les différents acteurs de la société pour l'incorporation de l'agroécologie en tant que nouvelle approche de l'agriculture. Elle est aujourd'hui au centre du débat des organisations d'agriculteurs et de producteurs comme des différentes institutions d'État.

En particulier, l'IPAF de La Pampa a décidé, dès sa création, de réfléchir au cadre conceptuel et méthodologique de l'agroécologie, convaincu que cette approche était la plus appropriée pour traiter de la réalité complexe de l'agriculture familiale. Ce choix a permis à l'équipe d'avoir une cohérence dans l'élaboration de ses propres orientations de recherche et dans ses actions concrètes sur le terrain.

Enfin, l'État et les politiques publiques qu'il propose ont un rôle prépondérant visant à consolider ces expériences, à faire en sorte qu'elles perdurent dans le temps et qu'elles incarnent une durabilité multidimensionnelle. Cela passe par la construction de structures de soutien territorial composées de multiples acteurs, afin de permettre leur participation à la discussion, l'analyse des alternatives et des décisions pour opérer une transition vers des systèmes productifs agroécologiques. En entretenant et renforçant les politiques de soutien, l'effet sera doublé : d'un côté en faveur de la redistribution, et de l'autre pour la souveraineté alimentaire. C'est l'étape à partir de laquelle le développement de l'agroécologie jouera un rôle stratégique en tant que concept et ensemble d'actions.

Références bibliographiques.

Altieri M. 1995. El estado del arte de la agroecología y su contribución al desarrollo rural en America Latina. En: Agricultura y Desarrollo Sostenible. (Ed) A Cárdenas Marin. Serie Estudios, Ministerio de Agr, Pesca y Alimentación, Secretaria General Tecnica, Madrid, España.

Altieri M. 2002. Agroecología: principios y estrategias para diseñar sistemas agrarios sustentables. En: Agroecología: el camino hacia una agricultura sustentable. SJ Sarandón. (Editor). Ediciones cientificas Americanas. Capitulo 2:49-56.

Altieri, M. 2008. El papel estratégico de la Sociedad Científica Latinoamericana de Agroecología (SOCLA) frente a los desafíos y oportunidades para una agricultura sustentable en la América Latina y el Caribe del siglo XXI. Agroecologia 3: 87-95.

Badgley, CJK ; Moghtader, E ; Quintero E ; Zakem, MJ and Chapell KR ; Aviles Vazquez; Samulon A and Perfecto I (2007). Organic agriculture and the global food supply. Renewable Agriculture and food systems 22 (2): 86-108.

Caporal F ; Costabeber J.A. 2002. Enfoque científico y estratégico. Emater /RS

Carson R. 1962. Silent Spring. New-York: Houghton Mifflin

Conway G.R. (1987) The properties of agroecosystems, Agr. Syst. 24, 95–117.

EMBRAPA 2006. Marco referencial en agroecología.

Gliessman, Stephen, ed. (1990) Agroecology: Researching the Ecological Basis for Sustainable Agriculture. Ecological Studies Series No. 78. New York: Springer-Verlag.

Gliessman S. 2002. Agroecología: procesos ecológicos en agricultura sostenible. Turrialba, Costa Rica. CATIE.

Guzmán Casado G ; M González de Molina ; E Sevilla Guzmán 2000. Introducción a la agroecología como desarrollo rural sostenible. Ediciones Mundi- Prensa.

Guzman Casado G.I., Alonso Mielgo, A. M. 2007. "La investigación participativa en agroecología: una herramienta para el desarrollo sustentable". Revista Ecosistemas 2007/1. [en línea]: http://www.revistaecosistemas.net/articulo.asp?Id=466&ld_Categoria=1&tipo=portada [19 de enero de 2009].

Hecht S. B. 1991. La Evolución del Pensamiento Agroecológico. Agroecología y Desarrollo. CLADES, Marzo, N°1. Disponible en: http://www.clades.cl/revistas/1/rev1art1.htm Último acceso: 18 de abril de 2008.

Kuhn, T. 1978 La estructura de las revoluciones científicas. México. F.C.E.

Martinez Miguelez, M 1993. El Paradigma emergente. Ed, Gedisa . Barcelona.

Morín Edgar 1974. El paradigma perdido. Ed. Cairos. Barcelona

Pretty, J. 1997. "The Sustainable Intensification of Agriculture". *Natural Resources Forum* 21: 247-256.

Rosset, P (1999) The Multiple Functions and Benefits of Small Farm Agriculture In the Context of Global Trade Negotiations. *FOOD FIRST*. THE INSTITUTE FOR FOOD AND DEVELOPMENT POLICY.
http://www.agter.asso.fr/IMG/pdf/Rosset_FoodFirst_pb4_En.pdf

Sarandon, S (2002). El uso de policultivos en la agricutura sustentable. En: Agroecología, el camino hacia una agricultura sustentable. Sarandon S. (Ed). Ediciones Científicas Americanas. La Plata. Pp 189-222.

Vandana, Shiva (1991) "Miracles seed" and the destruction of genetic diversity. In: The violence of the green revolution. Thrid World Agriculture, Ecology and Politics. Thrid World Network, Pennang, Malaysia: 61-102.

Vía Campesina (2011). La agricultura campesina sostenible puede alimentar al mundo. Yakarta, www.viacampesina.org

Viglizzo, E.F., Lértora, F.A., Pordomingo, A.J., Bernardos, J., Roberto, Z.E. and Del Valle, H. (2001). Ecological lessons and applications from one century of low intensity farming. Agriculture, Ecosystems and Environment, 81: 65-81.

Von der Weid J.M., (2001) Desarrollo participativo. Escalar y escalar aun mas. Revista LEISA. Diciembre de 200, pp. 19-22.

CHAPITRE VI

Former les ingénieurs agronomes à de nouveaux paradigmes ou à la diversité des paradigmes en agriculture ?

Christophe Albaladejo

Introduction

L'agroécologie existe comme courant scientifique depuis au moins 25 ans. Des "alternatives" sur le terrain à la modernisation agricole ont également été mises en place depuis au moins la fin des années 1960. Pourquoi alors ne présente-t-on l'agroécologie comme un modèle d'agriculture qu'à peine depuis une dizaine d'années? Il y a en effet une différence essentielle entre de simples « résistances » ou « alternatives » face à un modèle hégémonique qui est censé être la seule production possible de « la » connaissance scientifique, et un type différent d'agriculture (autrement dit un « monde » complet avec ses acteurs, ses institutions, ses administrations ses connaissances empiriques et « sa » science) face à une agriculture dominante qui ne peut plus prétendre à l'hégémonie du fait de sa coexistence avec d'autres « agricultures ». Depuis une dizaine d'année en effet l'agro-écologie sort de la condition de résistance. En rassemblant autour d'une nouvelle façon de produire des éléments de reconnaissance et d'universalisation comme ceux évoqués (institutions, administrations, législation, connaissances, scientifiques et type de science, etc.), elle peut prétendre être un « modèle de développement » en agriculture, au sens d'un monde social, d'objets, de représentations, de discours et d'identités qui non seulement définit une façon de pratiquer l'agriculture, mais également identifie une direction privilégiée dans la recherche d'innovations. Ainsi, un modèle de développement porte ce qu'un auteur comme Dosi (1982) définit comme un « paradigme technologique » : "*model and a pattern of solution of selected technological problems, based on selected principles derived from natural sciences and on selected material technologies". A technological paradigm defines an idea of 'progress' by embodying prescriptions on the directions of technological change to pursue and those to neglect*", et un paradigme technologique correspond à l'émergence et la légitimation d'un nouveau paradigme scientifique[55], même si celui-ci ne parvient pas à être dominant et encore moins hégémonique.

L'habitude a été prise, dans la littérature ou dans les rapports par exemple des organismes internationaux, de considérer que les transformations de l'activité agricole auxquelles nous assistons et plus encore celles auxquelles nous devrons faire face ou que nous devrons conduire sont un défi historique. C'est sans aucun doute une juste appréciation, mais ce n'est pas la première fois dans ses sept millénaires d'histoire que l'activité agricole a connu des « crises » et en conséquence des périodes de profondes transformations, certaines ayant pu être qualifiées de "révolutions agricoles" et ayant profondément et définitivement changé le destin de l'humanité en permettant de faire face à des défis qui pouvaient paraître démesurés pour l'époque (Mazoyer & Roudart, 2002).

Il est vrai que les caractéristiques du défi actuel sont uniques dans l'histoire de l'agriculture. Son ampleur notamment, sans rentrer dans les détails : il suffit de rappeler que la population mondiale atteindra neuf milliards d'être humains en 2050. Il est bien entendu nécessaire d'adopter une attitude critique, car la formulation d'un agenda mondial n'est pas indemne des pressions et intérêts des institutions et de groupes de pouvoir. C'est ce que montrent certains auteurs qui analysent les raisons institutionnelles de l'émergence du thème de la sécurité alimentaire à son sommet à Rome en 2008 (Bricas & Daviron, 2008)[56]. Mais la nature

[55] Au sens de Kuhn, sauf que ce paradigme ne parvient pas à l'hégémonie.
[56] Ces auteurs montrent aussi que ce besoin de la FAO légitimer une priorisation de la production globale d'aliments était convergent avec les intérêts des acteurs en mesure d'assurer une augmentation globale de la production agricole, au risque de tomber dans les travers de ce qu'ils appellent le "productionnisme".

spécifique des changements en présence et requis ne tient pas seulement aux chiffres, elle est aussi qualitative et c'est sans doute cette dimension qui en fait un défi largement différent de ceux que l'agriculture a déjà connu.

Dans ce texte, nous proposons une réflexion sur quatre notions clefs et nous prenons comme axe transversal de réflexion l'une des conséquences les plus significatives de l'émergence éventuelle d'un "nouveau paradigme technologique": les transformations de la formation des professionnels de l'agriculture, en particulier des ingénieurs agronomes.

La première notion est tout simplement celle de "diversité des paradigmes". Nous proposons de sortir de la classique vision binaire opposant un paradigme moderniste à un paradigme "alternatif" agroécologique. Ce qui nous semble plus important est non pas l'émergence d'un nouveau paradigme, mais plutôt celle d'une diversité de paradigmes qui se contredisent parfois dans leurs modes de relation au territoire ou aux ressources mais qui, de fait, ne s'excluent pas. Cette notion remet en question l'une des base de la profession d'agronome: la supposée unité (ce qui ne veut pas forcément dire uniformité) de son univers professionnel.

Les trois notions suivantes sont mises à l'épreuve de la formation des professionnels de l'agriculture, notamment parce qu'elles ont toutes trois aidé à reformuler deux formations de 2e et 3e cycle universitaire à la Faculté de Sciences Agraires et Forestières de La Plata en Argentine. Nous nous appuyons ainsi sur deux expériences d'enseignement dans des facultés d'agronomie de l'Argentine. D'une part un master (bac+7), et donc un diplôme latino-américain qui n'existe pas en France et représente deux ans d'études et de recherche après l'obtention du diplôme d'ingénieur agronome. D'autre part un cours obligatoire d'intégration des connaissances et de préparation au métier de la 5e année d'ingénieur agronome de la faculté de La Plata. La seconde notion est donc celle de "développement territorial", défini ici au sens de nécessaire co-présence des paradigmes dans les mêmes territoires et les mêmes institutions: quelles ingénieries faut-il mettre en œuvre pour assurer un minimum de cohérence dans cette coprésence ? L'ingénierie agronomique est-elle préparée pour les mettre en œuvre ? La troisième notion est celle de "local". Comment les ingénieurs agronomes peuvent en effet prendre en compte l'ancrage local des connaissances que requièrent les paradigmes agroécologiques et la contingence des agencements locaux des paradigmes ? Est-ce contradictoire avec leur professionnalisation ? La quatrième notion est d'ordre méthodologique : il s'agit de la "comparaison". La connaissance des différents paradigmes, au-delà des dénominations qui peuvent parfois être identiques mais désignent des réalités différentes (l'agroécologie, l'agriculture productiviste ou moderne, etc.), requiert de procéder à des comparaisons non seulement entre contextes locaux dans un même pays, mais également entre contextes nationaux.

La diversité des paradigmes

L'une de ces caractéristiques du défi actuel est que les agricultures des pays de toute la planète ou presque disposent déjà, depuis au moins 30 ou 40 ans voire un demi-siècle, d'un dispositif de recherche et d'enseignement absolument unique dans l'histoire de l'agriculture et qu'aucune autre activité économique n'a jamais eu a sa disposition. Depuis les années 1950 en effet, se sont progressivement mis en place des systèmes de production et reproduction des connaissances en agriculture à l'échelle de chaque pays, le rôle des Etats nationaux ayant été essentiel dans le développement de ces systèmes. Il s'agit de centres de recherche publique et privée (la recherche publique ayant été clairement leader et fédératrice), de facultés d'agronomie et de sciences vétérinaires dont une grande partie (au moins dans certains pays comme l'Argentine) ont été créées ou refondées au cours des quatre dernières décennies d'organisations économiques, de réseaux de lycées agricoles, d'organisations professionnelles ou publiques basées localement sur des groupes d'agriculteurs, de nombreuses ONG qui ont eu leur importance (surtout dans les pays en développement) pour une production de connaissances plus adaptées aux conditions locales des petits producteurs, d'associations professionnelles d'agriculteurs ou d'ingénieurs agronomes, etc. Aujourd'hui l'INRA[57] par exemple compte plus 1800 chercheurs et l'INTA[58] près de 1500. La France comptait 845

[57] Institut National de la Recherche Agronomique
[58] Instituto Nacional de Tecnología Agropecuaria

professeurs et maîtres de conférences dans l'enseignement supérieur agronomique en 2008 (Veleine & Bargeot, 2009). Mais il ne faut pas oublier de mentionner les politiques publiques, qui ont dans certains de ces pays constamment accompagné les innovations techniques et organisatrices produites par ces systèmes de recherche et formation, et bien entendu les services de développement et les instituts techniques par filière qui contribuent à la production de connaissances.

L'enjeu n'est donc pas simplement de faire plus de recherche, ou de former plus d'agronomes ou d'agriculteurs, mais aussi de savoir quel type de science et quel type d'enseignement produire. De fait l'évolution de ce dispositif mondial conduira forcément à des inflexions dans le type de connaissances produites. Ne serait-ce que parce que ce ne sont plus les mêmes acteurs qui les produisent. Aujourd'hui par exemple, et cette tendance va s'accentuer considérablement, le poids des pays en développement dans la recherche agronomique est devenu prépondérant. Ces derniers représentent 48% du budget mondial de la recherche agronomique, autant que les pays développés (les 4% restant correspondent aux centres de recherche des organismes internationaux), et plus des deux tiers des chercheurs au niveau mondial (FAO, 1996). La région latino-américaine du Mexique à l'Argentine représente plus de 11 000 chercheurs en sciences agronomiques dont la moitié ont un doctorat (source : conférence réseau Innovagro, Buenos Aires, mai 2012).

On sait donc qu'il ne s'agit pas simplement de « plus de science » ou « plus de formation » pour l'agriculture, comme on pouvait le dire dans les années 1950 dans les pays développés ou dans les années 1960 dans les pays en développement, car les appareils en place aujourd'hui sont déjà considérables. Ils ne sont certainement pas suffisants au regard de l'ampleur du défi actuel. Cependant leur fonctionnement depuis près d'un demi siècle, ainsi que l'ampleur de l'univers d'institutions, de salariés, de connaissances, d'étudiants, de revues, d'identités professionnelles est à prendre en compte comme ressource clef dans l'élaboration de pistes de solutions aux problèmes actuels de l'agriculture, mais également doit être considéré comme ayant largement contribué aux problèmes actuels (d'environnement, de structures agraires, de perte des savoirs locaux, etc.) (Funtowicz & Ravetz, 1990), voire même comme faisant partie du problème.

Aujourd'hui, non seulement les pistes de solution, tout au moins les horizons vers lesquels porter le regard, sont en grande partie élaborées par cette agro-technostructure, mais plus en amont les diverses formulations des problèmes le sont aussi. Si les problèmes ont une histoire, ce n'est pas seulement que les faits et les objets matériels en ont une, c'est aussi que les esprits et les représentations qui servent à construire ces problèmes (ou tout au moins à en élaborer des formulations socialement reconnues) en ont une. C'est pourquoi à mon sens les diverses formulations de « l'agroécologie » qui sont notamment reflétées dans cet ouvrage (agriculture écologiquement intensive, révolution doublement verte, intensification écologique, etc.) et dont on peut passer beaucoup de temps à confronter les termes exacts de leurs définitions respectives, prennent surtout du sens lorsqu'on les situent dans le cadre des traditions intellectuelles qui les ont produites, surtout si l'on prend le soin de repérer les mouvements sociaux, les alliances entre acteurs et de façon générale le processus sociopolitique sur lequel elles s'appuient. C'est cette vision systémique et sociopolitique de la production de connaissances en agriculture qui nous conduit à la notion de « paradigme » (Vanloqueren & Baret, 2009) et de « modèle de développement » (Dosi, 1982) que nous allons développer.

Ainsi, cette agro-technostructure n'est pas homogène et produit comme on peut s'en rendre compte dans la littérature et en particulier dans cet ouvrage, des conceptualisations variées du problème selon les histoires propres de différents « courants » intellectuels. Les plus complets dans leurs analyses et leurs batteries de concepts sont certainement ceux ancrés dans un mouvement critique, partiellement relayé en son temps par quelques chercheurs de certains centres de recherche du CGIAR, et appuyés sur des mouvements sociaux alternatifs divers ou ONG (essentiellement dans les pays en développement). Mais aujourd'hui même l'agronomie « traditionnelle » fait son autocritique, du moins en France, et produit ses propres représentations du problème et ses fronts de recherche pour un renouvellement de ses approches. Toutes ces reformulations, qu'elles soient des alternatives voire des dissidences des sciences agronomiques « *mainstream* » ou des tentatives de transformations de ces sciences, sont le plus souvent artificiellement « unies » sous la bannière de « l'agroécologie », et en tout cas elles font usage de dénominations qui ne permettent pas d'en saisir les différences, d'autant plus que les conceptualisations sont encore loin d'être claires et abouties. C'est ainsi que l'on trouve aujourd'hui dans la mouvance de l'agroécologie un mélange de conceptualisations qui proviennent tant du secteur le plus ancré dans les sciences agronomiques « traditionnelles », elles-mêmes appuyées sur les organisations professionnelles agricoles nées dans les années 1950 ou 60, que de l'agronomie systémique alliée à un mouvement critique au sein de ce monde professionnel agricole (notamment en France mouvement des « Systèmes de Culture Innovants »), ou que ce que je pourrais appeler de « nouvelles sciences agronomiques ». Ces dernières désignent l'effort d'adaptation d'innovations techniques créées en laboratoire par la biologie (OGM notamment), et que l'on retrouvent dans les expériences du réseau de fermes de référence de AAPRESID[59] ou qui sont liées aux techniques dites d'« agriculture de conservation » (le semis direct en particulier), promues par des organisations d'agriculteurs souvent soutenues par les firmes des biotechnologies…

Ce qui vient d'être dit sur l'agroécologie vaut ainsi pour les courants provenant de cet univers lié, depuis les années 1950, à la modernisation en agriculture. Cette modernisation a ainsi produit une importante agro-technostructure partiellement mondialisée, mais d'ancrage national très fort, qui ne peut se transformer, face aux nouveaux défis de l'agriculture, qu'en proposant des formulations et reconceptualisations aptes à faire un pont avec son passé intellectuel et son histoire d'alliances sociopolitiques consolidé pendant plus d'un demi-siècle. Mais d'autres sciences se font entendre aujourd'hui dans le concert de l'agroécologie sans avoir ce passé (voire sous certains points de vue ce passif), et c'est notamment le cas de l'écologie[60]. Avec la force des recommandations environnementales pesant sur l'activité agricole via les

---

[59] Asociación Argentina de Productores en Siembra Directa

[60] Il faudrait également voir que qu'il en est des sciences forestières qui ont été séparées historiquement des sciences agronomiques parce que les deux types de production avaient, tant en Argentine qu'en France, des bases sociales et des rapports à l'Etat totalement différents.

politiques publiques et sous l'impulsion du lobby des associations écologiques, un secteur de cette discipline, plus lié aux instituts de recherche finalisée comme l'INRA, y voit le moyen de fonder une « ingénierie écologique » de l'agriculture. Cette ingénierie n'a évidemment pas les mêmes fondements ni la même tradition intellectuelle que l'effort d'incorporation des fondements écologiques dans les sciences agronomiques, qui se désigne parfois sous le terme « d'intensification écologique ». Même si l'intention est convergente, même si les chercheurs concernés peuvent faire partie des mêmes institutions voire des mêmes équipes, ils ne travaillent pas exactement dans le cadre du même paradigme scientifique, et de fait ne se trouvent pas liés aux mêmes acteurs économiques et sociopolitiques.

Mais on peut distinguer un troisième pôle de différenciation des paradigmes scientifiques accompagnant l'activité agricole. En Amérique Latine, et le présent ouvrage en rend bien compte, « l'agroécologie » est bien plus influencée par les sciences humaines qu'elle ne l'est en France. Elle est aussi, en partie d'ailleurs on pourrait dire « de ce fait » quoi que ce ne soit pas la seule explication, bien plus consciente de ses alliances sociales et politiques. Il serait plus juste de dire qu'elle est plus consciente de la diversité des paradigmes en science, car certains chercheurs français peuvent être conscients personnellement de leurs alliances sociales, sans pour autant en faire un élément légitime d'affirmation scientifique de leur approche[61]. Cette conscience conduit les chercheurs latino-américains à adopter des méthodes de recherche militante ou de recherche-action ou encore de recherche participative (trois types d'approches le plus souvent très différentes (Albaladejo and Casabianca 1997)), qui correspondent à la volonté de faire de l'agroécologie non pas une science pour l'action comme cela est le cas des ingénieries vues précédemment,

[61] Dans certains cas ce serait même plutôt l'inverse, au sens où il leur semble préférable de maintenir une certaine discrétion sur ces alliances qui leur paraissent peu avouables car supposées (injustement à mon sens) impropres à une attitude scientifique (qui se trouve chez eux un peu confondue avec une impossible attitude "impartiale"), tandis qu'à l'extrême certains chercheurs latino-américains peuvent parfois prendre le risque de confondre l'engagement social comme forme de légitimation scientifique, avec le simple transfert de valeurs de la militance au monde scientifique…

mais une science de l'action, rejoignant ce que certains auteurs anglophones appellent « l'agroécologie en action » ((Warner, 2007)).

Le cas de ce troisième pôle de différenciation des paradigmes scientifiques en agriculture montre comment les contextes sociétaux et nationaux influent sur les orientations scientifiques. C'est ce qui rend si importantes les comparaisons internationales pour comprendre les apports de chacun des travaux en agroécologie. Pourquoi en effet l'agroécologie en Amérique Latine émerge t-elle comme un courant parallèle à l'agronomie « classique », tandis qu'en France elle correspond plutôt à un effort de renouvellement de la pensée agronomique ? La réponse à cette question ne se trouve pas dans l'histoire des sciences pensée comme une histoire autonome du reste de la société. Le paradigme de la modernisation des années 1960 a été porté en Amérique Latine, et en tout cas en Argentine, par un secteur d'exploitations capitalisées moyennes qui a de fait coexisté avec deux autres grands secteurs. D'une part ce secteur modernisant de l'agriculture a bien dû s'accommoder de la présence forte et influente des grandes exploitations latifundiaires, certaines improductives, dont la logique était plus celle d'un statut socioéconomique que celle de la production. D'autre part, surtout dans certaines provinces, ce secteur modernisant s'est trouvé juxtaposé à de nombreuses petites et très petites exploitations qui n'avaient aucune chance de monter dans le « train de la modernisation » et que l'Etat et la classe agricole modernisatrice ne pouvaient pas faire sortir de l'activité comme cela a été le cas en France (du fait de son importance numérique et de son rôle territorial). Ce secteur de petites exploitations n'a donc pas pu être présenté comme simplement une « relique des temps antérieurs », comme cela a pu être le cas en France. Ce monde d'exploitations minifundistes, ou encore d'unités paysannes selon les dénominations, a fini par être clairement identifié lorsque les politiques publiques sont devenues duales dans les années 1990 au Brésil et 2000 en Argentine, sous le vocable « d'agriculture familiale ». Ce secteur agricole a toujours été prépondérant dans la plupart des provinces non pampéennes, contraignant les administrations agricoles de ces provinces, ou nationales mais intervenant dans ces provinces (agences locales de l'INTA), à mettre en place de fait des méthodes spécifiques dès les années 1960 (Perez Centeno, 2007). Plusieurs décennies plus tard, l'agroécologie est née dans ce contexte d'une agriculture duale tant au Brésil qu'en Argentine, et les scientifiques qui s'y sont consacrés ont d'abord cherché à produire des techniques et conseils adaptés à un secteur numériquement prépondérant mais incapable de rentrer dans le paradigme moderne agricole.

Il faut dire que le monde scientifique et les facultés d'agronomie de ces pays étaient restées très proches d'un secteur social représentant la partie la plus capitalisée de la base sociale de la modernisation agricole, voire qui tout simplement recrutaient nombre de leurs enseignants et de leurs élèves dans la classe latifundiaire (De Mendonça, 1998). Il n'était donc guère envisageable de faire « évoluer » l'agronomie de la « couche moderne » des exploitants. Alors qu'en France les problèmes environnementaux portés par la société urbaine et relayés par les politiques publiques nationales et européennes ont contraint l'ensemble du monde agricole modernisé à revoir son mode de production, faisant pression sur l'ensemble des sciences agronomiques. En Argentine les sciences agronomiques ont plutôt tendance à être soumises à la pression ou l'attraction du nouveau monde de l'agrobusiness, et de fait une partie des enseignements des facultés d'agronomie et une part importante de la recherche publique (et privée cela va sans dire) est déjà incluse dans ce modèle.

Pour résumer l'ensemble de notre propos et en tirer les conséquences pour la formation, on peut dire que, historiquement depuis les années 1950, ou 1960 selon les pays, une importante agro-technostructure a été mise en place afin de promouvoir un type unique de science positive pour l'agriculture en vue d'une modernisation qui se présentait comme un modèle universel. L'idée de différents types de sciences ou de différents paradigmes selon les agricultures n'a pas effleuré les esprits à cette époque-là. Le moyen d'y parvenir pouvait être différent selon les régions, les producteurs, les productions aussi, mais l'horizon était le même pour tous. Les modes de production différents étaient uniquement vus en termes de résistances, de rémanences ou au mieux de renouveau (Pernet, 1984), et jamais en termes de nouveau paradigme. Il faut dire que ces « résistances » étaient faiblement reliées à l'Etat, à la recherche, à des entreprises d'aval ou d'amont.

Ce n'est que dans les années 1990 en Argentine qu'un nombre important d'initiatives originales de production, reliées à des agents de développement, des programmes de l'Etat, des chercheurs, ont pu apparaître comme de nouveaux modèles de développement en agriculture, et c'est pourquoi j'ai fait l'hypothèse « d'innovations discrètes » (Albaladejo, 2001) et non de résistances ou rémanences. Certes ces initiatives étaient des réponses à la crise : les agents de développement étaient des contractuels précaires de l'Etat, les chercheurs étaient plutôt en marge de leurs institutions ou membres d'institutions en marge du secteur agricole, et les programmes étaient des programmes correctifs de la pauvreté ou de la marginalisation et non des programmes de développement (Manzanal, 2000). Mais il n'empêche que ces réseaux d'innovations discrètes ont été les germes de nouveaux systèmes d'innovation en agriculture qui ont été consolidés dans les années 2000, grâce à un rôle plus actif de l'Etat assumant des interventions différentes, voire contradictoires, dans différents systèmes de connaissance en agriculture. Ces systèmes de production et de diffusion de connaissances ont tendance à générer des paradigmes scientifiques différents. C'est ainsi que l'INTA a créé en 2002 un centre de recherche pour l'agriculture familiale comportant cinq instituts dans les différentes régions du pays. Les recherches de ces instituts sont essentiellement basées sur les recherches participatives et l'agroécologie.

La littérature abonde sur l'épuisement du paradigme moderne d'innovation en agriculture et la nécessaire invention d'un nouveau paradigme (Welch & Graham, 1999 ; Huylenbroeck & van Durand, 2003), et c'est bien la conclusion à laquelle est arrivé le collectif de 900 spécialistes de 110 pays mobilisé à l'initiative de la Banque Mondiale durant trois ans pour évaluer la pertinence, la qualité et l'efficience des systèmes de connaissance en agriculture (Iaastd, 2008). De fait la littérature présente l'agroécologie comme un paradigme « alternatif » (Vanloqueren & Baret, 2009) susceptible de dépasser et remplacer l'antérieur, et donc elle pose les choses en termes de concurrence et alternative. Cependant la présente contribution fait l'hypothèse que la plus grande nouveauté de l'époque actuelle de la production de connaissances en agriculture est justement qu'aucun paradigme ne peut plus prétendre à l'hégémonie, même si certains d'entre eux réussissent à occuper une position dominante, et qu'il y a coprésence de paradigmes en agriculture (Albaladejo, 2004).

L'ensemble des appareils de formation a été conçu dans le but de reproduire le paradigme « moderne » de l'agriculture. Comment cette nouvelle situation des systèmes de connaissance en agriculture, que nous venons de voir plus dans son versant « recherche », peut-elle être prise en compte dans la conception des formations d'ingénieurs agronomes ?

Les conséquences pour la formation des agronomes

La coexistence spatiale des agricultures : une ingénierie agro-écologique du territoire

Nous adoptons ainsi ici une position particulière, qui n'est pas celle de toutes les contributions à cet ouvrage et qui n'est pas exprimée dans la littérature : une position que nous avons affirmée dans d'autres travaux à travers la notion de « développement territorial », autrement dit de coprésence (le plus souvent d'ailleurs problématique), non seulement dans un même pays mais aussi dans un même territoire local, de modèles de développement agricoles différents. Il ne s'agit donc pas seulement d'un changement de paradigme, et donc de former les agronomes à une approche différente de l'activité agricole : il faut les former à prendre en compte un objet différent qui n'était pas dans le champ professionnel de l'ingénieur agronome, n'étant alors qu'un cadre d'exercice du métier : le territoire[62]. Le changement est majeur : il consiste en amont à apprendre aux ingénieurs agronomes (Albaladejo *et al.*, 2012) à identifier les modèles de développement en présence et donc les paradigmes et à mettre en œuvre pour une ingénierie facilitant l'émergence des conditions nécessaires à leur articulation à l'échelle d'un petit territoire. Il ne faut donc pas seulement mettre en œuvre une ingénierie agroécologique, mais aussi une ingénierie territoriale.

---

[62] Non pas le territoire fonctionnel, systémique et consensuel (ou de conflits « négociables ») de l'agronomie, mais le territoire des géographes et des politologues fait de pouvoirs et tensions et qui peut être contradictoire et violent.

Il faut pour cela aider les étudiants à dépasser leurs idées reçues sur les différentes formes d'agriculture en présence. La formation doit les aider à passer d'une vision idéologique à une vision pragmatique d'abord, puis professionnelle de cette coexistence. Ces idées reçues sont importantes pour différentes raisons. D'une part, il y a de très forts intérêts en jeu, voire même des situations de conflits importants. Nos étudiants de 5ème année à la Faculté d'Agronomie et de Sciences Forestières de l'Université Nationale de La Plata le savent parfaitement et nombre d'entre eux, militants dans les mouvements étudiants, ont des positions très marquées sur le sujet. Mais ils n'ont jamais eu, avant notre cours d'intégration des connaissances (TIC II[63]), l'occasion de voir comme une activité professionnelle la construction de leur point de vue ainsi que les échanges entre eux et avec les acteurs sociaux sur ces questions. Le résultat est donc qu'à la sortie de leurs études, seuls les militants étaient capables d'aborder de façon « organisée » cette question de la coexistence des modèles et des paradigmes, mais depuis des positions idéologiques évidemment. Les attitudes de nos étudiants de master[64] ne sont pas très différentes. Ce sont pour 80% d'entre eux des professionnels ayant en moyenne 15 ans d'expérience dans le développement, et beaucoup d'entre eux sont des militants pour une agriculture paysanne ou familiale et des participants actifs de ce que certains auteurs (Wezel *et al.*, 2009) ont appelé une « agroécologie comme mouvement social ». Mais la formation doit les conduire à savoir prendre en compte la diversité des approches agroécologiques, non pas seulement des mouvements sociaux mais aussi des scientifiques. Certaines de ces agroécologies - comme le fait remarquer Bernard Hubert dans cet ouvrage - ne semblent même pas totalement compatibles entre elles... Comme le dit cet auteur, il n'y aura pas de solution unique pour l'Amérique Latine,

---

[63] *Taller de Integración Curricular II*, 64 heures de cours et un voyage d'étude d'une semaine. Cours obligatoire conçu et testé en 2010 à partir de notre projet de recherche INTERRA par Christophe Albaladejo, Pedro et Valeria Carricart pour les deux carrières (ingénieur agronome et ingénieur forestier). Il a été intégré dans le nouveau plan d'étude, puis a été mis en place en 2011 par Christophe Albaladejo, Ramón Cieza et Alejandra Moreyra.

[64] Le Master Procesos Locales de Innovación y Desarrollo Rural fait partie du 3e cycle universitaire en Argentine. Ce n'est donc pas l'équivalent d'un master français, mais relève d'un niveau bac+7 qui n'existe pas en France.

l'Europe, l'Amazonie, etc. car il ne peut y avoir de "bon modèle" partout. Tout attitude « dogmatique » est donc vouée à l'échec. Il n'y a pas une seule agroécologie, il y a une diversité d'approches et nous devons non seulement comprendre cette diversité mais aussi la développer. En ce sens, la première chose à faire est d'enseigner la diversité des modèles et des pensées scientifiques, ce qui est totalement l'inverse de ce qui a été réalisé dans les Facultés et écoles d'agronomie et sciences agraires. Autre idée reçue largement diffusée dans la littérature latino-américaine : l'agriculture familiale et plus encore l'agriculture paysanne serait nécessairement « agroécologique ». D'une part il y a de nombreuses façons de pratiquer ces agricultures et donc il faudrait ici employer le pluriel, et d'autre part ces agricultures peuvent tout aussi bien être basées sur le productivisme (en France c'est bien l'agriculture familiale qui a été le fer de lance de la modernisation), ou également être la cause d'un grand déséquilibre avec le milieu naturel (c'était bien le drame des agricultures paysannes européennes de la fin du XIXe siècle).

Mais il faut aussi enseigner aux agronomes à aller au-delà de l'agroécologie. Ainsi, comme nous le dit Bernard Hubert dans ce volume, penser que le paradigme agroécologique va supplanter le paradigme productiviste est d'une part irréaliste dans un monde de tensions dues aux préoccupations alimentaires mondiales, mais d'autre part cela relève finalement de la même conception positiviste et poppérienne que le productivisme lui-même, qui pense qu'une nouvelle représentation de la science doit forcément dépasser l'antérieur et falsifier une connaissance en vue de se rapprocher de « la » Vérité. La remarque de B.Hubert sur ce point me semble tout à fait juste : nier la diversité nécessaire de paradigmes à l'agriculture résulte d'une vision aussi étroite que celle que l'agroécologie veut dénoncer voire stigmatiser. Mais cela implique de changer de mode de rhétorique en sciences et de changer de façon dont les ingénieurs mobilisent la science dans leurs rhétoriques. L'ingénieur pense le raisonnement scientifique en termes de « démonstration » et non « d'argumentation ». Pour lui il n'y a pas de place pour le débat et le respect de la diversité des points de vue n'a pas de sens, et donc il ne dispose pas des méthodes pour construire professionnellement un point de vue argumenté et flexible et pour se situer dans ce « concert de connaissances ». En ce sens la culture de la militance n'aide pas plus que la culture scientifique positive, les deux étant des logiques qui se sont imposées dans les facultés d'agronomie, dans les centres d'étudiants et dans les salles de cours respectivement.

Il faut aussi introduire le "territoire" dans les notions-clefs des sciences agronomiques et pas seulement de l'agronomie. En France le « territoire » a fait son introduction dans l'agronomie depuis déjà un certain nombre d'années (Caron, 2005 ; Prevost, 2005). Mais cette conception du territoire par l'agronomie est plutôt celle du terroir, du paysage comme objet fonctionnel ou du système agraire. L'idée qui préside à ces conceptions du territoire est celle d'intégrer de façon harmonieuse et fonctionnelle les modèles de production[65], les ressources et les divers usages de celles-ci. C'est aussi le sens de l'écologie du paysage. Cette vision fonctionnelle, voire systémique, du territoire permet en particulier de faire comprendre aux étudiants que l'agroécologie ne peut prétendre à elle seule redonner une cohérence dans les relations entre agriculture et territoire car elle n'est pas la seule forme d'agriculture présente ni légitime, et parce qu'elle représente une partie seulement d'une mosaïque de modèles de développement interdépendants dans le territoire. Et c'est bien la notion de territoire de la Géographie qui permet de faire comprendre aux étudiants que l'espace géographique n'est pas qu'un support permettant de « poser quelque part » les productions et donc les juxtaposer. Le territoire est un objet social et écologique qui met en interrelation tout élément qui l'intègre, contrairement à l'idée urbaine absurde de « quartiers fermés » qui tente de délimiter des « paradis des classes huppées » au milieu de quartiers populaires à grands renforts de murs, barbelés et vigiles.... Cette vision mécanique de découpage de l'espace est impossible avec l'agriculture.

Mais le besoin d'aider à la recherche d'une cohérence technique, écologique, économique et sociale à cette « mosaïque » nous conduit aux concepts et aux outils de l'aménagement, et donc au territoire de la géographie. Au-delà en effet de cette incorporation de la notion de « territoire » dans la discipline

[65] Mais non pas les modèles de développement à mon avis, qui requière comme nous le verrons d'autres compétences.

agronomique, qu'il faut développer, il faut introduire « le territoire de la géographie » qui place au cœur de son approche la difficile question du pouvoir. En effet lorsque la question du pouvoir est prise en compte dans les travaux proches de l'agronomie (D'Aquino, 2002), ce qui n'est pas courant, elle est immédiatement instrumentée dans des outils de négociation ou de participation. Les formations d'ingénieurs agronomes doivent apporter des connaissances conceptuelles et opérationnelles permettant d'agir dans des contextes de tensions et de conflits qui ne permettent pas toujours de donner un sens à des approches en termes de négociation ou de consensus. C'est en particulier le cas lorsque nous sommes face à des situations de menaces ou de violences morales ou physiques qui, comme nous l'avons démontré pour l'Amazonie, vont au-delà de « simples » débordements et peuvent s'ériger en véritables systèmes politiques de régulation du territoire (Albaladejo, 2005). Lorsque dans notre cours TIC II de 5e année à La Plata nous avons fait venir des leaders paysans du Nord de la province de Córdoba et que ceux-ci se sont exprimés avec des termes comme « guerre », « lutte », « ennemi », « ruse », etc., 90% de nos étudiants ont pensé que ce contexte d'affrontement entre un modèle de cultures de soja transgénique de grandes entreprises et un modèle sylvopastoral paysan ne relevait pas de leur profession… Et les 10% restant l'ont identifié à des situations d'action militante. Pourtant un agronome devrait avoir son mot à dire dans ce genre de situation ! Mais nos étudiants n'y sont pas préparés, ni à « agir physiquement » ni à produire une représentation et un discours professionnels de la situation (ce qui est aussi une forme d'action). Les sciences agronomiques (ou « agraires » comme on le dit en Argentine) devraient procéder à un rapprochement avec la géographie et les sciences politiques pour développer des compétences d'ingénierie territoriale et politique en vue du développement territorial.

Au delà du rapport de force très déséquilibré[66] des différents modèles de développement dans le territoire (et dans l'Etat), Silvia Cloquell pose la question du déséquilibre des forces et des pouvoirs de chacun des paradigmes qui leur correspondent dans le champ scientifique. Elle nous fait remarquer que l'agroécologie

---

[66] Voire violent, comme nous l'avons signalé.

est : « une réponse faible face au modèle dominant, tant dans le domaine économique bien entendu que dans le domaine académique! » (communication au séminaire Interra, Buenos Aires, mars 2011). Sa remarque nous conduit à nous demander si dans cette structuration des pouvoirs l'agroécologie est effectivement en position de se poser en tant que paradigme, ou bien si ce n'est qu'une proposition annexe du modèle dominant qui n'en serait en quelque sorte qu'un prétexte. L'agroécologie ne peut pas être simplement la bonne conscience du paradigme productiviste, elle ne peut pas non plus être le moyen de diminuer les effets négatifs du modèle antérieur. Même s'il est légitime pour l'agroécologie de faire un bilan des failles du modèle antérieur, ces failles ne peuvent constituer une base pour élaborer un paradigme qui ne soit pas qu'une simple réponse ou un correctif à un modèle productiviste. C'est pourquoi l'agroécologie a besoin d'agronomes professionnels et pas seulement d'agronomes ou de chercheurs militants, même si les deux attitudes peuvent être bien entendu liées. L'incorporation dans les objets professionnels de l'agronome du territoire permet de faire cette décentration au-delà des catégories sociales et de la portion d'espace qui concerne strictement l'agriculture familiale ou l'agroécologie.

L'enjeu est ainsi non pas de développer des méthodes ou instruments de participation ou de négociation comme se plaisent à la promouvoir certains organismes internationaux, mais de s'interroger sur les conditions d'émergence d'un espace public local au sein duquel la société concernée localement pourrait aborder démocratiquement la question de la place des agricultures dans le territoire (voir (Albaladejo, 2009) pour les termes de cette problématisation du développement territorial en termes d'espace public local).

D'une ingénierie en contexte à une science du contexte

La situation des connaissances pour le développement

L'une des conséquences les plus fortes de l'hypothèse de coexistence spatiale locale des modèles de développement en agriculture, est que chaque arrangement de ces modèles est singulier. Ainsi, si la science peut produire des connaissances génériques à propos de chacun des paradigmes en présence et notamment sur leurs relations au territoire, elle ne peut les transposer sans précautions et ni adaptations à chacune des situations concrètes d'action (chaque arrangement local des modèles), et surtout elle ne peut systématiser ses analyses sur les arrangements locaux entre modèles. Cette dernière assertion a des conséquences importantes sur la formation des agronomes dans le développement ainsi que sur le travail scientifique accompagnant le développement territorial. Les approches scientifiques du développement territorial (du moins tel qu'il a été défini dans cette contribution), doivent produire des connaissances théoriques sur les modalités du processus d'agencement entre modèles de développement, sans prétendre parvenir à générer des « prescriptions[67] ». En effet les connaissances qu'il convient de produire dans chacune des situations dépendent du contexte (modèles en présence, histoire locale de l'agriculture, de l'action collective et des actions de développement, etc.) et ne peuvent provenir que d'une production ad hoc non pas par la société locale mais plutôt par la « société concernée localement » (Albaladejo, 1987), dont fait justement partie l'agronome (qu'il réside ou non dans la localité). C'est quelque part une caractéristique que partagent toutes les « sciences pour l'action », à la différence près que le développement territorial, qui fait partie de ce métier si particulier que Sebillotte avait distingué déjà dans son travail (Sebillotte, 2010), n'est pas seulement une question d'élaboration d'un « territoire-projet », autrement dit de mise en place d'une « gestion collective des territoires qui s'impose de plus en plus [aux acteurs] et oblige à composer, à rechercher des compromis pour définir des projets plus ou moins communs » (p.13). Il est aussi et surtout une question de construction et d'exercice de la démocratie au niveau local, bien en amont de l'idée de « gestion » ou de « compromis » et plus encore de « projet ». Il ne s'agit pas seulement de construire un territoire-projet ou un projet[68] de

[67] Qui est pourtant malheureusement le type de connaissances que viennent chercher un grand nombre de nos étudiants agents de développement, à la recherche de « recettes d'action » qu'il nous est impossible de donner.

[68] Nous avons parfaitement pu observer grâce au réseau de 90 situations d'action que nous analysons avec nos étudiants dans toute l'Argentine que la bureaucratie du développement est tout à fait à même de produire des projets (de territoire...)

territoire, mais en amont de construire un territoire au niveau local et en premier lieu sa dimension politique : un espace public local.

Ainsi, l'ingénierie agronomique était déjà caractérisable comme une ingénierie « en contexte[69] », nécessitant la mise en œuvre d'un « partenariat » pour effectuer une redéfinition locale du problème et des connaissances. Mais elle devient aujourd'hui une ingénierie « du contexte », voire même une science du contexte. En effet elle doit viser, dans une approche non pas de recherche en partenariat (autrement dit associée aux acteurs institués), mais de recherche-action (donc engagée auprès des acteurs et tout spécialement des acteurs instituants) Elle doit s'efforcer, à travers une montée progressive en généralité, de modéliser les situations d'action pour générer des connaissances sur les formes de l'action au niveau local. En ce sens notre expérience de formation dans le master PLIDER nous a montré combien, même si bien évidemment les métiers de la recherche et du développement restent fondamentalement différents, il n'y a pas stricte séparation entre une construction contextuelle des connaissances, qui serait l'apanage des savoirs professionnels[70], et une vocation de connaissances universelles pour les savoirs scientifiques. Les choses sont beaucoup plus entrechassées, et c'est d'ailleurs l'une des raisons qui nous a conduit à privilégier une formation par la recherche des agents de développement.

Cet engagement dans les situations d'action, cet enracinement des connaissances dans la contingence d'un processus de construction et d'exercice de la démocratie au niveau local en vue d'inscrire l'agriculture dans l'espace public, requiert de la part des professionnels du développement à la fois une grande capacité d'observation et de description des processus en situation. C'est bien ce que font remarquer et réclament certains auteurs qui ont eu une influence importante sur l'enseignement agronomique en Argentine et en France (Díaz Maynard & Vellani, 2008 ;

---

en « partenariat » sans qu'il y ait construction d'un territoire socialement et politiquement consistant, sans parler d'un territoire démocratique…

[69] Tout comme l'architecture : on ne peut faire une construction sans savoir précisément dans quel lieu, avec quelle orientation, pour quels usagers, etc.

[70] Contrairement à l'affirmation de Sebillotte, p.11 : "La construction d'un savoir professionnel est contextuelle, elle a pour objectif de permettre l'action, ici et maintenant, et non de produire des connaissances à vocation universelle" (p.11).

Sebillotte, 2010). Ces observations doivent s'appuyer sur un effort constant et simultané de généralisation des connaissances apprises sur le tas afin d'être à même de forger des enseignements pour ailleurs et/ou plus tard. C'est cette double capacité en tension de généralisation/localisation que nous devons enseigner à nos étudiants. La localisation passe par la capacité à observer et à conduire une recherche dans l'action, notamment en recherche-action. La généralisation est basée sur la capacité de comparer des situations d'actions différentes.

L'importance des approches comparatives

L'approche comparative et l'élaboration progressive de « théories intermédiaires » proches du terrain mais présentant un effort de théorisation est l'une des grandes compétences partagées entre le scientifique et le professionnel dans le domaine du développement territorial. Elle est notamment essentielle pour la professionnalisation des agents de développement engagés dans l'action. Les comparaisons sont donc essentielles et notamment entre situations sociétales différentes, d'où l'importante de comparaisons entre contextes nationaux différents, en particulier pour la recherche.

Nous pouvons donner en exemple les premières comparaisons réalisées dans la tâche 6 sur projet ANR INTERRA entre les chercheurs français (Danièle Magda, Nathalie Girard) et argentins (Raúl Pérez, Gustavo Larrañaga, Guillermo Hang).

Les chercheurs français ont dans un premier temps proposé en Argentine une problématique de recherche définie en termes de gestion des ressources naturelles. Parler de « ressources naturelles » était ainsi présenté comme un élément de problématisation : décider pour un producteur de gérer des « ressources naturelles » n'est pas anodin, ce peut être considéré en France comme une stratégie marquante, une logique d'exploitation, voire même une philosophie. Ce type de stratégie contraint l'éleveur à rentrer dans une logique technique différente, en mobilisant des références techniques 'différentes' (de celles du paradigme productiviste), et des raisonnements de gestion supposés d'une autre nature (avec notamment une capacité d'appréhension de l'incertain). Gérer des ressources naturelles serait donc (sur les terrains du projet INTERRA en France et plus précisément dans les Pyrénées) un saut qualitatif.

Les Argentins ont posé d'emblée qu'il n'est pas possible de trouver facilement une traduction fidèle des objets définis dans les situations françaises. Qu'est-ce qu'une "prairie naturelle"? Est-ce un "*pastizal natural*", un "*campo natural*", une "*pradera*"? Ils ont fait remarquer qu'il y a des indicateurs beaucoup plus importants du "style de gestion" des exploitants, comme par exemple le fait que l'exploitant soit un avocat ou un médecin habitant à Buenos Aires ou à La Plata et utilisant son exploitation comme un lieu de villégiature pour les week-ends (une sorte de Gentleman Farmer...), ou bien soit un producteur rural conventionnel qui doit compléter les revenus de l'exploitation par un travail en ville. Dans ces deux cas de figure on a effectivement deux types de gestion du risque et des ressources fort différents.

Il est apparu que cette insistance sur les "ressources naturelles" provenant d'une problématisation sur des terrains français, ou plutôt européens de façon générale, est de fait portée par les politiques publiques et une volonté officielle de "protéger l'environnement". En Argentine, hors de ce contexte, il n'est pas possible de donner une telle importance à cette préoccupation sans avoir à s'en expliquer fortement. Il y a ici beaucoup d'autres sujets de préoccupation : incertitude économique, pauvreté rurale, etc. S'il faut donner de l'importance aux questions de milieu ce serait plutôt le thème de l'emploi des pesticides. Selon Raúl Pérez, l'immense majorité des producteurs du bassin du Salado dans la province de Buenos Aires ne savent pas reconnaître les espèces des prairies dites "naturelles", en tout cas les espèces qu'ils peuvent mentionner sont celles que leur ont fait connaître les agents de développement.

Les collègues français ont dû alors reformuler leur problématisation : ils ont commencé par se rendre compte que le thème de la gestion des ressources naturelles est pour eux le moyen de formuler une problématique de gestion des processus écologiques. Il s'agit de s'interroger sur les conditions permettant aux exploitants de s'éloigner d'une situation de forte domestication de la nature, relevant d'une gestion qualifiable « d'artificielle », ou autrement dit permettant l'application d'une logique technique et de production relativement "standard" et "externe" aux processus naturels, et se rapprocher d'une gestion qui serait considérée comme plus "naturelle", dans des situations moins anthropisées où l'éleveur doit en quelque sorte "négocier" avec les processus naturels et la diversité de leurs formes locales.

Ceci est apparu comme une source possible d'incompréhension entre chercheurs d'un contexte national à un autre. Dans la Pampa, la grande capacité de résilience des prairies naturelles permet au contraire d'utiliser ces milieux sans disposer d'une connaissance approfondie de son fonctionnement et en pouvant estimer avoir peu de risque de l'endommager ou la détruire. En revanche la culture du maïs utilisée dans l'alimentation animale est un fait plutôt de l'agriculture familiale et, bien qu'elle peut sembler à un français un indicateur d'intensification du système fourrager, elle est en fait ici plutôt une indication d'une volonté de meilleure gestion des processus écologiques (si on évalue cette gestion non pas à l'échelle de la parcelle de maïs bien évidemment, qui est elle plus « artificialisée » que la prairie naturelle, mais à l'échelle de l'exploitation). Mais cette question reste encore un thème controversé entre les chercheurs argentins et français… Par ailleurs dans un district comme Magdalena où ces chercheurs ont développé des travaux de recherche communs, la prairie naturelle ne peut être un marqueur des systèmes de gestion plus "naturels" car elle est systématiquement présente dans les exploitations d'élevage.

Il apparaît ainsi dans cet exemple qu'une problématique élaborée dans le contexte français est fortement chargée des représentations et du contexte historique de définition des questions. C'est ainsi que l'entrée par les ressources naturelles prend surtout son sens dans le contexte français, autour notamment des prairies naturelles, et que son exportation dans le contexte argentin a permis de redéfinir et affiner la problématique dans le sens de la "gestion des processus écologiques".

Également les échelles de temps sont différentes en France et en Argentine, par exemple dans le cas de l'adaptation à la sécheresse : en Argentine les éleveurs peuvent rapidement en venir à la vente du troupeau en partie ou en intégralité pour revenir ensuite à racheter des animaux une fois le risque passé. Ce n'est pas le type de réaction que l'on attend d'un éleveur français.

Cet exemple montre l'importance de disposer de situations comparatives, dans lesquelles les questions portant sur les modèles de développement en agriculture et leurs liens au territoire et aux ressources sont fortement conditionnées par l'histoire institutionnelle et sociale.

Conclusion

Ces réflexions nous conduisent à penser qu'il faut approfondir dans les formations la question de la diversité, du caractère pluriel des nouveaux paradigmes et des nouveaux modèles de développement. Cette orientation est inexistante quasiment dans l'enseignement et n'est pas privilégiée en tant que telle dans la littérature, l'enseignement et la littérature présentant plus ou moins explicitement les transformations en cours en termes binaires d'alternative à un modèle dominant voire hégémonique. Pourtant même le paradigme "moderne" n'est pas "unique", il n'y a pas qu'un seul type d'agriculture entrepreneuriale notamment, et de même l'agroécologie n'est pas la même au Brésil, en France ou en Argentine. Cette diversité est souvent reconnue, mais pas toujours travaillée, par ceux qui se réclament de l'agroécologie.

Il s'agit ainsi d'ouvrir plus largement le champ d'analyse, par des observations sur le terrain, à des acteurs qui mettent en œuvre des "pratiques différentes". L'objectif est de voir comment leurs pratiques forment systèmes avec des tentatives, même modestes, de politiques publiques, ou avec des acteurs des entreprises d'amont et d'aval et un secteur scientifique ; autrement dit, de caractériser les modèles de développement qui sont en train de se différencier, avec leurs pratiques, leurs identités et discours spécifiques.

Il serait aussi nécessaire d'approfondir la notion de "paradigme" et la consolider par une théorie de la connaissance scientifique et technique prenant pour objets les systèmes de connaissances. C'est seulement par cet effort théorique que nous réussirons à sortir d'une vision en termes de "résistances" ou de "survie", ou à l'inverse "d'alternative" à un modèle hégémonique. Ce travail devrait permettre à la formation de consolider les compétences destinées à faire reconnaître la diversité des paradigmes scientifiques. Il devrait aussi permettre à chacun de se situer dans un concert de connaissances en développant des capacités critiques et argumentatives, qui sont justement celles qu'il est nécessaire de consolider chez les professionnels dans le développement territorial.

Cette coprésence de paradigmes ne se retrouve pas uniquement dans les territoires, elle se retrouve dans l'Etat et dans les instituts de recherche, certains du moins qui comme l'INTA assumant une certaine incohérence globale mais ayant l'avantage de refléter les contradictions de la société et du territoire. Cette diversité n'est cependant pas travaillée en interne. Elle est bien perçue par les étudiants, nomment les agents de développement en formation continue, mais elle est analysée en termes militants et conduit à un certain dogmatisme qui ne permet pas de voire les nuances importantes dans chacun des paradigmes.

Cette façon de poser les choses permet de répondre à une question qui n'est pas forcément évidente dans les pays où les choses se présentent de façon plus « radicalisées » comme au Brésil. Dans ce pays en effet, avec deux ministères de l'agriculture et des politiques publiques bien différenciées, des mondes de la recherche assez séparés, on peut se poser la question de savoir s'il faut former un seul type d'ingénieur agronome « généraliste » ou des ingénieurs spécialisés dans chacun des modèles d'agriculture, familiale et entrepreneuriale en l'occurrence. Mais dans la perspective du développement territorial, il faut plutôt transformer les compétences des agronomes pour qu'ils prennent en charge cette intelligence de l'insertion territoriale locale de l'activité agricole et développent une ingénierie territoriale et politique en conséquence. Cela réclamera un important effort de recherche, et notamment théorique, pour les accompagner dans cette redéfinition des compétences.

Références bibliographiques

Albaladejo C. (1987). *Aménagement de l'espace rural et activités d'élevage dans des régions de petites explotations agricoles. Le cas des Cévennes Sud en France et de la Province de Misiones en Argentine*. Doctorat de Géographie, Université de Grenoble I.

Albaladejo C. (2001). « Una Argentina discreta… La integración social y territorial de las innovaciones de las familias rurales en el partido de

Saavedra », *Revista Universitaria de Geografía, Bahía Blanca, Argentina*, vol. 10, no° 1&2, p. 131-148.
Albaladejo C. (2004). « Innovations discrètes et re-territorialisation de l'activité agricole en Argentine, au Brésil et en France », *in* Albaladejo, C. et Bustos Cara, R. (éd.) (2004). *Desarrollo local y nuevas ruralidades en Argentina / Développement local et multifonctionnalité des territoires ruraux en Argentine*, Bahía Blanca, Argentina, UNS Departamento de Geografía / IRD UR102 / INRA SAD / Univ. Toulouse Le Mirail UMR Dynamiques Rurales, p. 413-456.
Albaladejo C. (2005). « Les nouvelles politiques de développement rural en Amazonie : quels apprentissages territoriaux ? », *in* Albaladejo, C. et Arnauld de Sartre, X. (éd.) (2005). *L'Amazonie brésilienne et le développement durable. Expériences et enjeux en milieu rural.* coll. Recherches Amériques Latine, Paris, L'Harmattan, p. 49-68.
Albaladejo C. (2009). *Médiations territoriales locales et développement rural. Vers de nouvelles compétences d'accompagnement de l'activité agricole. Les agricultures familiales dans les transformations territoriales en Argentine, au Brésil et en France.* HDR Habilitation à Diriger des Recherches, Géographie et Aménagement, Université de Toulouse II Le Mirail.
Albaladejo C., Auricoste C., Cerf M., *et al.* (2012). « Quelles compétences des agents pour la production de l'action publique au service du développement territorial? Construire sur l'expérience dans un dispositif de formation-action en Argentine », *in* Angeon, V., Lardon, S. et Leblanc, P. (éd.) (2012). *Compétences, formation et apprentissage collectif territorial*, Québec (Canada), PUQ.
Bricas N. et Daviron B. (2008). « De la hausse des prix au retour du productionnisme ; les enjeux du sommet sur la sécurité alimentaire de juin 2008 à », *Hérodote*, no° 131, p. 31-39.
Caron P. (2005). « A quel territoire s'intéressent les agronomes? Le point de vue d'un géographe tropicaliste », *Natures, Sciences, Sociétés (NSS)*, vol. 13, no° 2005, p. 145-153.
D'Aquino P. (2002). « Le territoire entre espace et pouvoir : pour une planification territoriale ascendante », *L'Espace Géographique*, vol. 2002, no° 1, p. 3-23.
De Mendonça S.R. (1998). *Agronomia e poder no Brasil*, Rio de Janeiro, Vïcio de Leitura.
Díaz Maynard Á. et Vellani R. (2008). *Educación agrícola superior. Experiencias, ideas, propuestas*, Montevideo, Uruguay, Universidad de la República de Uruguay y Comisión Sectorial de Enseñanza.

Dosi G. (1982). « Technological paradigms and technological trajectories. A suggested interpretations of the determinants and directions of tehnicla change », *Research Policy*, vol. 11, no° 3, p. 147-162.

FAO (1996). « La función de la investigación en la seguridad alimentaria y el desarrollo agrícola a nivel mundial (documento técnico de referencia n°9) ». *Cumbre Mundial sobre la Alimentación, 13-17 de noviembre de 1996*, Roma, Italia.

Funtowicz S.O. et Ravetz J.R. (1990) *Global environnemental issues and the emergence of second order science*. Brussels, Commission of the European Communities.

Huylenbroeck G. et van Durand G. (2003). *Multifuncional agriculture a new paradigm for European agriculture and rural development*, Ashgate, Aldershot.

Iaastd (2008) *Executive summary of the synthesis report of the International Assessment of Agricultural Knowledge, Science and Technology for Development (IAASTD)*.

Manzanal M. (2000). « Los programas de desarrollo rural en la Argentina en el contexto del ajute macroeconómico liberal », *Revista Latinoamericana de Estudios Urbano Regionales, Insituto de Estudios Urbanos de la Pontifica Universidad Católica de Chile, Santiago de Chile*, vol. XXVI, no° 78 (septiembre 2000), p. 77-101.

Mazoyer M. et Roudart L. (2002). *Histoire des agricultures du monde. Du méolithique à la crise contemporaine*, Paris, Seuil.

Perez Centeno M. (2007). *Transformation des stratégies sociales et productives des éleveurs transhumants de la province de Neuquén et de leurs relations avec les interventions de développement*. Doctorat TESC Temps Espaces Sociétés Cultures, filiäre doctorale ESSOR Etudes Rurales, mention Développement, Université de Toulouse le Mirail.

Pernet F. (1984). *Résistances paysannes*.

Prevost P. (2005). *Agronomes et territoires. Deuxième editions des Entretiens du Pradel. Actes du colloque des 12 et 13 septembre 2002*, Paris, L'Harmattan.

Sebillotte M. (2010). « Penser et agir en agronomie », *in* Doré, T., Le Bail, M., Martin, P., Ney, B. et Roger-Estrade, J. (éd.) (2010). *L'agronomie aujourd'hui*, Paris, Quae, p. 1-21.

Vanloqueren G. et Baret P.V. (2009). « How agricultural research systems shape a technological regime that develops genetic engineering but locks out agroecological innovations », *Resarch Policy*, no° 38, p. 971-983.

Veleine C. et Bargeot M. (2009). « Les femmes et les hommes dans les écoles publiques de l'enseignement supérieur agronomique et vétérinaire », *Pour, la Revue du GREP Groupe de recherche pour l'éducation et la prospective, Paris*, vol. Juillet 2009, no° 200, p. 143-149.

Warner K.D. (2007). *Agroecology in action: Extending alternative agriculture through social networks*, Cambridge, Massachusets, The MIT Press.

Welch R.M. et Graham R.D. (1999). « A new paradigm for world agriculture: meeting human needs. Productive, sustainable, nutritious », *Filed Crops Research*, vol. 1999, no° 60, p. 1-10.

Wezel A., Bellon S., Doré T., *et al.* (2009). « Agroecology as a science, a movement and a practice. A review », *Agronomy for Sustainable Development*, vol. 2009, no° 29, p. 503-515.

CHAPITRE VII

Limites et potentialités de l'agroécologie Leçons d'une expérience à grande échelle : le programme PROHUERTA en Argentine

Roberto Cittadini

> « L'admirable progrès des connaissances s'accompagne d'une régression de la connaissance, par la domination de la pensée parcellaire et compartimentée au détriment de toute vision d'ensemble »
>
> Edgar Morin[71]

Introduction[72]

L'objectif de cette contribution est de caractériser l'évolution de l'agroécologie en Argentine et de nous introduire dans la difficile tâche d'évaluation de ses limites et de ses potentialités. On considérera tout particulièrement le rôle joué par le programme PROHUERTA dans cette évolution. Ce programme, mis en œuvre conjointement par le Ministère du développement social et par l'INTA, promeut depuis 21 ans l'autosuffisance alimentaire à petite échelle, avec des techniques agroécologiques ayant atteint un niveau élevé de développement (plus de 600.000 jardins) et de couverture géographique (mise en œuvre dans presque toutes les municipalités du pays), parmi une population urbaine et rurale socialement vulnérable. Ce programme a une forte légitimité grâce à sa portée sociale, mais ses principaux protagonistes (réseaux de techniciens, développeurs bénévoles et horticulteurs) revendiquent avec force les spécificités de leur modèle de production

---

[71] Morin E (2011), p. 60

[72] Remerciements à Nathalie Girard, Daniela Bustos, Mirna Lazarte, Valeria Hernandez et Luis Caballero pour leurs conseils et relectures.

(agroécologique), l'opposant ainsi au modèle de l'agriculture industrielle. L'idée d'élargir la vision du « programme social », en affirmant l'importance d'établir un réseau étoffé de productions sur des bases agroécologiques, fonde la définition du programme, en accordant à ce dernier un rôle central dans le différent qui oppose le paradigme agroécologique au paradigme de l'agriculture industrielle.

Dans ce chapitre, nous commencerons par expliquer de façon concise ce que nous appelons l'Agriculture Moderne, en particulier l'impact qu'elle a produit en Argentine. Au-delà des spectaculaires réalisations productives, les externalités environnementales et sociales remettent en cause les grands principes de cette agriculture industrielle. L'agroécologie est née précisément en opposition à ce type d'agriculture.

Puis nous analyserons l'émergence de l'agroécologie, ses fondements et ses remises en cause radicales de l'agriculture industrielle. Nous renverrons également à l'histoire de l'introduction du concept en Argentine, et discuterons particulièrement de son introduction à l'INTA. Dans ce contexte, nous ferons une référence particulière au rôle joué par le programme PROHUERTA dans ce processus et sa contribution à l'évolution du mouvement.

Enfin, nous proposons de pondérer les limites et potentialités de l'agroécologie. L'agroécologie a-t-elle un intérêt seulement au niveau des unités familiales de production? Ou peut-elle être aussi une alternative pour surmonter les limites de l'agriculture industrielle ? Quel rôle peut jouer l'INTA dans ces dynamiques ? Telles sont les questions que nous aborderons.

L'agriculture moderne

Le paradigme de l'agriculture moderne et le socle scientifique de son développement

Le paradigme de l'agriculture moderne, étroitement lié à la révolution verte, a été basé sur l'amélioration génétique et la simplification des agro-écosystèmes dans le but d'obtenir que de nouvelles variétés cultivées dévoilent toutes leurs capacités. L'ajout d'engrais chimiques et de pesticides pour le désherbage et la lutte contre les maladies est devenu un élément central de ce modèle. On a ainsi transformé progressivement l'agriculture traditionnelle, basée sur des rotations culturales longues et sur l'intégration agriculture - élevage.

Ce type d'agriculture, à laquelle les systèmes scientifiques, technologiques et de développement ont dédié toutes leurs ressources, a permis une augmentation régulière de la productivité. Elle a été opérationnelle et, dans la logique du capital et de la rentabilité, a connu une forte croissance. Comme la mise en œuvre de ces nouveaux modèles requérait la possession d'un certain niveau de ressources et de compétences, de nombreux petits producteurs ont été contraints de se détourner de cette activité et/ou sont entrés dans une position de résistance au modèle dominant.

Conséquences sociales et territoriales de l'expansion du modèle en Argentine

La période inaugurée dans notre pays en 1996 avec l'introduction des Organismes Génétiquement Modifiés (OGM) accentue les principales tendances du modèle. La rentabilité différentielle atteinte par la production de soja, basée sur un modèle simplifié et organisé pour produire à grande échelle, domine progressivement le paysage productif, déplace la production animale (Rearte 2010), et avance sur la frontière agricole à la faveur des processus de déforestation des zones fragiles (Dal Pont, S., et Longo, L. 2007). Elle tend aussi à limiter fortement les cycles de rotation qui ont caractérisé les premiers stades de production dans la Pampa (Cordone et Martinez 2004). Au-delà des résultats spectaculaires de la production, les coûts environnementaux de ce modèle sont importants, parfois irréversibles (Viglizzo et Jobbágy, 2010). L'impact social que génère ce modèle n'est pas non plus négligeable : la simplification du système de production et le déplacement d'autres activités a limité considérablement les besoins de main-d'œuvre et la présence même de l'agriculteur et de sa famille dans l'exploitation (Neiman et al. 2010). La production se concentre autour de certains producteurs qui s'agrandissent en louant davantage de terres, d'entrepreneurs qui se diversifient en prestataires offrant une variété de service (par exemple pulvérisation, récolte, etc.) ou de

« pools de culture[73] » (Hernandez 2007). Les campagnes s'en sont trouvées désertées sur le plan social et de l'emploi rural. Cette situation n'a pas nécessairement affecté l'économie des petits producteurs puisque, au moins dans le cas des propriétaires et en particulier ceux de la Pampa, l'expansion spectaculaire de leur activité leur a permis de devenir de petits rentiers (Villagra et Prividera 2011). Le réseau social des familles d'agriculteurs, qui ont été les architectes de la première étape importante du développement agricole en Argentine, d'abord en tant qu'exploitants et ensuite en tant que petits et moyens producteurs (Gras et Hernandez, 2008 ; Hernandez et Intaschi 2011 ; Preda 2010), a ainsi disparu. De même, face à l'avancement de la frontière agricole, de nombreuses communautés aborigènes ont vu se réduire considérablement l'espace vital qui permettait leurs cultures et leurs modes de production et reproduction (Colina et Al. 2010), poussées ainsi à rejoindre les quartiers pauvres des grandes villes (Ochoa et Borrás 2009, Barreto 2008). Avec ces mouvements disparaît ainsi également un capital social et culturel essentiel à la mise en œuvre d'autres modèles de développement agricole alternatifs au modèle actuel, notamment les producteurs familiaux ruraux.

Concernant l'innocuité présumée du principal agent agrochimique utilisé par le modèle intensif, le glyphosate, il convient de souligner le retard pris dans les études scientifiques permettant de soutenir ou réfuter une telle affirmation[74]. De plus en plus d'études et d'analyses mettent cependant en cause aujourd'hui cette innocuité (Aris et Leblanc, 2011 ; Paganelli et al, 2010 ; Antoniou et al, 2011), et cette interrogation est déjà profondément ancrée dans le débat social (Red de Médicos de Pueblos Fumigados, 2010).

---

[73] Le « pool de siembra », parfois traduit par « pool de culture », est un nouveau type d'acteur agricole qui ne possède pas de terres ni de machines. Il loue des terres pour une ou plusieurs campagnes de semences-récoltes. Les travaux effectués sont sous-traités à des entreprises agricoles. Ce pool est géré dans un souci premier de rentabilité financière. (Note du traducteur).

[74] Ce retard relatif ou l'absence d'études scientifiques sur les problèmes de contamination par des agents agrochimiques a des antécédents historiques. C'est une bonne occasion pour réfléchir sur le rôle social de la science qui chercherait à éviter d'être soumise à certaines structures du pouvoir économique et/ou médiatique (Jas, 2007 ; Barbier et Granjou 2005)

Pourtant, paradoxalement et en dépit de tous les impacts environnementaux et sociaux observés, la mise en œuvre de ce modèle en Argentine a été accompagnée par un discours axé sur la durabilité. Les avantages du semis direct – technique qui a accompagné le développement des cultures de soja - et le supposé effet inoffensif du glyphosate ont été au cœur des arguments des organisations de producteurs qui ont propulsé ce modèle[75], des entreprises de semences et d'agrochimie qui l'ont introduit (par exemple Monsanto), aux médias hégémoniques[76] et une partie du système scientifique et technologique (Trigo et Cap, 2003).

Sur ce dernier point, pour clore notre présentation du paradigme de la modernisation agricole, et pour effectuer une comparaison avec le paradigme agroécologique, il nous semble important de souligner que, comme tout paradigme, il tire une part importante de sa force et de sa légitimité dans ses liens étroits avec le champ scientifique. D'une part, les fondements scientifiques auxquels il fait appel sont généralement ceux d'un scientisme réductionniste (Morin, 1998). Il est clair d'autre part que la construction discursive des médias de masse, des multinationales et des associations qui actionnent le modèle, ont un fort contenu idéologique et prennent la défense des intérêts des entreprises impliquées[77].

L'agroécologie se fraie un chemin dans les limites du modèle de modernisation

Dans ce contexte, le mouvement de l'agriculture agroécologique émerge et se positionne clairement comme un paradigme alternatif à la modernisation agricole, basée sur la révolution verte et sa tendance à la monoculture[78]. Le paradigme agroécologique formule des critiques profondes du modèle de la révolution verte, et affirme

---

[75] Principalement l'Association Argentine des Producteurs de Semis Direct (Aapresid).

[76] Particulièrement la section rurale du journal Clarin.

[77] Dans ce sens, nous défendons le point de vue que la science devrait être plus attentive aux effets qu'elle produit. Le feed back sur ses actions devrait être une ligne de travail des organismes scientifiques et techniques (Ex. Steyaert y Jiggins 2007).

[78] Sur la conceptualisation sur l'agroécologie, voir dans cet ouvrage les contributions de Bellon et Olivier, et de Sarandon.

les potentialités et qualités d'un paradigme alternatif. La principale critique vise le réductionnisme scientifique qui se cache derrière les propositions productives, le rationalisme instrumental qui conduit à la manipulation de la nature et à la simplification des agro-écosystèmes, tout en faisant l'hypothèse que la science trouvera des réponses aux effets négatifs engendrés (Sarandon, 2002). Généralement, ce réductionnisme scientifique est accompagné d'une croyance dans les vertus du marché pour assurer une répartition optimale des ressources, et d'une croyance en l'impossibilité de s'opposer à ces mécanismes. L'agroécologie examine le caractère non-soutenable de ce modèle, du fait des déséquilibres qu'il engendre, à la fois écologiquement et socialement (Sevilla Guzmán, 2002).

À l'opposé, l'agroécologie naît de la nécessité de respecter la complexité de la nature, et aborde la production agricole grâce à des paradigmes scientifiques qui considèrent avec respect cette complexité, et dans lesquels la production est également en harmonie avec la société. La récupération et la gestion de la biodiversité est au cœur de la proposition. Pour Altieri et Nicholls (2000), l'agroécologie est une discipline scientifique qui se concentre sur l'étude de l'agriculture dans une perspective écologique, et qui se définit comme un cadre théorique dont le but est d'analyser les processus agricoles d'une manière interdisciplinaire. Altieri soutient que la conversion vers un système agroécologique se réalise en mettant l'accent sur deux principaux piliers : l'amélioration de la qualité du sol, et la diversification des écosystèmes agricoles. L'intégrité des agro-écosystèmes dépend des synergies entre la diversité végétale et le fonctionnement continu de la communauté microbienne du sol, elle-même entretenue par un sol riche en matières organiques. Sevilla Guzmán (2002) insiste pour sa part sur le concept de co-évolution entre la société et les agro-écosystèmes. Au travers de ce concept, il valorise le savoir-faire paysan, qui est considéré comme le produit de cette co-évolution. L'agroécologie interroge par ailleurs les limites que le paradigme de la modernisation agricole dévoile en matière de sécurité et souveraineté alimentaire (Cittadini 2010). La révolution verte encourage la concentration productive et l' « agro–business », faisant ainsi de la production alimentaire une entreprise spéculative de production de marchandises tournée vers le marché mondial. La production est alors délocalisée et les différentes communautés perdent leur capacité à produire leur propre nourriture.

Les bases du paradigme agroécologique, comme celui de la révolution verte, se réfèrent en partie à la science, et d'autre part à une position politico-idéologique qui se réfère à un choix de société et un modèle de vie à défendre. Au plan scientifique, on oppose le paradigme de la complexité au paradigme réductionniste. Le paradigme de la complexité conduit à ce que l'approche agroécologique dépasse le simple champ de la production agricole, qu'elle mette à l'épreuve une forme d'organisation sociale pour produire et, enfin, qu'elle apporte une vision d'ensemble de la société et de ses valeurs (Sevilla Guzman, 2002). Le paradigme de l'agroécologie soutient l'agriculture familiale et les mouvements paysans. Tous les mouvements sociaux et écologistes soutiennent qu'« un autre monde est possible », un monde plus équitable et plus respectueux de la nature, où les intérêts collectifs prévalent sur les intérêts du capital, et où l'économie sociale et les valeurs de la coopération et de la solidarité sont des éléments clés.

Émergence de l'agroécologie en Argentine dans un contexte de critique du modèle de la modernisation

L'origine de l'agroécologie en Argentine, comme dans la plupart des pays, relève de deux volets principaux ayant des liens évidents entre eux. Un versant pratique vient des mouvements sociaux et/ou des ONG[79], qui cherchent à mettre en œuvre des modèles alternatifs à ceux de l'agriculture industrielle. En 1992, ces initiatives convergent dans l'organisation MAELA[80]. Dans le cadre de ce mouvement co-existent des écoles ayant des orientations bien particulières (Agriculture Naturelle, Biodynamie, Permaculture, etc.) ; mais toutes sont considérées comme faisant partie du mouvement agroécologique. L'autre versant relève surtout du champ académique/scientifique. En effet, en Argentine certains noyaux ou individus se sont battus pour l'agroécologie, comme

[79] Principalement l'institut de Culture Populaire (INCUPO), le Centre d'Etudes et de Productions Agro-écologigues (CEPAR), le Centre d'Etudes sur les Technologies Appropriées de l'Argentine (CETAAR).

[80] Movimiento Agroecológico Latinoamericano (MAELA)

Santiago Sarandon[81], Walter Pengue[82], Javier Souza Casadinho[83], entre autres. En 2007, l'organisation SOCLAS[84], inspirée par Miguel Altieri, est fondée. Cette organisation, contrairement à MAELA, est plus orientée vers la valorisation des développements scientifiques de l'agroécologie ; c'est Mariana Marasas, intervenante à la Chaire de S. Sarandon et à l'IPAF Pampeano (INTA), qui est son principal représentant en Argentine. Ces deux versants convergent vers les mêmes référents internationaux : Miguel Altieri, Ana Primaveci, Francisco Caporal, u Eduardo Sevilla Guzman comptent parmi ces principaux référents.

Au niveau de l'INTA jusque très récemment, et au-delà de l'histoire de PROHUERTA qui sera discutée dans la section suivante, l'agroécologie n'a pas été admise parmi les lignes de recherche de l'institution. L'expérience la plus proche émane d'un petit groupe de chercheurs orientés vers la Production Biologique (Ullé, 2009). Le concept même d'Agroécologie apparaît au sein de l'INTA officiellement en 2005[85], lors de la création du Centre de Recherche pour le Développement Technologique de la petite Agriculture Familiale (CIPAF). Il postule la nécessité de développer des technologies appropriées à ce type d'agriculture, exigeant en particulier une démarche agroécologique (Cittadini et al. 2005). Toutefois, dans le champ de l'action sur les territoires, le concept avait déjà été largement diffusé par des ONG et par les actions de PROHUERTA.

Le cas de PROHUERTA

Le PROHUERTA est né en 1990, dans un contexte socio-économique difficile, pendant la transition entre une situation d'hyperinflation traumatisante et la mise en œuvre d'un programme néolibéral de déréglementation économique : privatisation des entreprises publiques, licenciements des fonctionnaires, flexibilité du travail. PROHUERTA a été pensé comme une politique de

---

[81] Universidad Nacional de La Plata.

[82] Universidad Nacional de General Sarmiento.

[83] Universidad de Buenos Aires.

[84] La Sociedad Científica Latinoamericana de Agroecologia (SOCLA).

[85] Par exemple, le Brésil a développé précocement l'agro-écologie et à plus grande échelle que l'Argentine (Caporal FR & Costabeber JA 2004).

compensation destinée aux exclus du système. L'objectif de ses actions est l'autosuffisance alimentaire des familles vulnérables dans les zones rurales et urbaines. Étant donné que l'Argentine a une population essentiellement urbaine, la plupart de son action se fera dans les zones urbaines et périurbaines. Une grande partie des familles qui se sont ralliées à PROHUERTA n'étaient donc pas des agriculteurs. Cette nouveauté est probablement née davantage des besoins de ces familles, que de l'affirmation d'une position idéologique.

Le programme a préconisé l'utilisation de technologies productives[86] qui respectent les processus naturels, et dont les principaux critères étaient d'améliorer la fertilité des sols et de promouvoir la biodiversité dans le temps et dans l'espace (rotations et associations). Le premier coordinateur de PROHUERTA[87] affirme que cette optique répond à deux enjeux éminemment pratiques : d'une part, les familles ne disposaient pas des ressources nécessaires pour acheter des intrants, et d'autre part la production étant réalisée dans l'espace familial, l'absence d'utilisation de produits agrochimiques permettait d'éviter tout risque de contact avec les membres de la famille.

Dès l'origine de ce programme, une approche de travail a été analysée et consolidée. Elle a conduit à un type de technologie, d'organisation sociale et de valeurs partagées compatibles avec des propositions qui, plus tard, seront développées par le mouvement agroécologique. De nombreux techniciens de PROHUERTA soutiennent aujourd'hui que « l'on faisait déjà de l'agroécologie sans le savoir ». De fait, les plus importants groupes de travail à avoir introduit le concept étaient des ONG travaillant avec le Pro-Huerta (CEPAR à Rosario ; CETAAR à Marcos Paz entre autres). Concernant la proposition technique, les brochures de Pro-Huerta soulignent d'emblée les axes décrits ci-dessus par Altieri comme centraux dans une approche agroécologique : couverture végétale comme moyen effectif de conservation des sols et de l'eau, production et utilisation d'engrais compostés, promotion de l'activité biotique du sol, rotations et associations des cultures

[86] Technique dénommée "organique" à ses débuts.
[87] Ingénieur Agronome Daniel Diaz.

favorisant le recyclage des nutriments, régulation des parasites, des maladies et de l'activité des ennemis naturels.

Au-delà de son but initial, PROHUERTA fut rapidement adopté par tous les acteurs impliqués (horticulteurs, promoteurs, techniciens et institutions associées) et est devenu une expérience de développement, à grande échelle, des capacités socio-organisationnelles et productives partageant des valeurs de solidarité et de coopération.

Le programme PROHUERTA est partagé entre le ministère du Développement Social, dans le cadre du Plan National de Sécurité Alimentaire, et l'INTA, qui l'intègre comme un des composants de base dans sa stratégie de sensibilisation et de vulgarisation. Il a actuellement une structure organisationnelle qui comprend une Coordination Nationale, 24 coordinateurs provinciaux et un réseau de plus de 700 professionnels et techniciens répartis à travers le pays. Plus de 19 000 promoteurs bénévoles travaillent à sa mise en œuvre, et constituent le noyau central du réseau social que le programme a impulsé. Ceci permet actuellement d'aider plus de 600.000 jardins potagers et 140 000 fermes familiales, communautaires et institutionnelles. En plus des jardins potagers et de la production avicole, le programme comporte également l'élevage de lapins et la distribution d'arbres fruitiers. La petite transformation artisanale de la production concerne un pourcentage significatif des horticulteurs. Au-delà des aspects strictement productifs, il est intéressant de noter que le jardin potager et le reste de la production deviennent des outils pour la mise en œuvre d'actions communautaires de toutes sortes, et renforcent donc le réseau de solidarité formé autour du programme. Celui-ci s'est avéré très efficace comme stratégie pour la sécurité et la souveraineté alimentaires. Actuellement, en 2011, il dispose d'un budget de 40 millions de pesos[88]. On a estimé qu'il engendre une valeur brute de la production nationale de plus de 1.000 millions de pesos, ce qui favorise l'accès à la nourriture pour un montant largement supérieur au budget initialement investi. Il importe de souligner que cet accès à la nourriture renforce les capacités des familles qui, gagnant confiance en elles, construisent un capital social et développent des compétences productives dans le cadre

[88] Soit environ 7 millions d'euros.

du paradigme émergeant de l'agroécologie. Il est également intéressant de noter que plus de 70% des jardins potagers sont situés dans les zones urbaines et suburbaines, et qu'un nombre croissant d'horticulteurs produisent des surplus destinés au troc, à la consommation solidaire ou à la vente. Dans ce contexte, beaucoup d'expériences se structurent comme des marchés alternatifs (vente au jardin, à domicile, marchés hebdomadaires, etc.). Ces expériences renforcent le développement de circuits de production et de commercialisation caractéristiques de l'économie sociale et de l'agriculture urbaine (Cittadini et al 2010).

Il convient de mentionner certains antécédents spécifiques des Programmes d'Agriculture Urbaine[89], qui améliorent le lien entre l'autoproduction alimentaire et les marchés de proximité. Ils se révèlent des exemples très réussis de politiques locales de sécurité alimentaire. Tel est le cas notamment du Programme Agriculture Urbaine de la ville de Rosario, où convergent les efforts de la municipalité, de PROHUERTA et de certaines ONG[90]. Il existe d'autres expériences pertinentes à Mar del Plata (Villagra et al 2008), Rio Cuarto (Sabanés et al. 2007), Tucumán (Lobos et al, op cit.) et dans d'autres villes de province. Dans la seule province de Corrientes, il existe plus de 15 marchés de proximité répartis sur différentes localités de la province. Dans une enquête partielle menée par l'INTA (2010), au moins 131 expériences de Marchés Equitables ont été identifiées, dont la plupart se sont développées avec la participation active des horticulteurs de PROHUERTA.

Bustos et Al. (2010) analysent certaines des compétences de base que les techniciens impliqués ont développé dans leur expérience de travail dans le programme : 1) la construction et la gestion des réseaux sociaux dans les quartiers et les localités, 2)

---

[89] L'existence de plusieurs expériences de promotion de l'agriculture urbaine et périurbaine selon une approche agro-écologique permet la protection des zones non constructibles et occupées illégalement, ainsi que l'épargne des Fonds publics destinés à : la surveillance des terrains vagues, la transformations des espaces dégradés en espaces productifs et esthétiquement agréables, l'habilitation de nouvelles zones vertes comme le Soutien des services écologiques proposés par les zones vertes à la population urbaine, l'intégration des différents secteurs sociaux et la consolidation des réseaux grâce au travail commun.

[90] Ce programme représente plus de 640 jardins destinés à la consommation familiale et 140 destinés à la commercialisation sur 5 marchés. 10000 personnes sont concernées. (www.rosario.gov.ar/sitio/desarrollo_social/empleo/programa).

l'accompagnement du processus technique de production (centré sur les pratiques agroécologiques) et 3) le potentiel du binôme technicien/promoteur dans la mise en œuvre du programme. Dans ce travail, on peut également observer que l'une des caractéristiques les plus frappantes de ce programme est sa capacité à se développer massivement.

L'analyse des forces et des faiblesses, que nous avons réalisée, pour l'année 2007 a mis en évidence les points suivants (Tableau 2) :

Points forts	Points faibles
- Présence territoriale - Forte reconnaissance sociale - Référent en agriculture agroécologique - Développement de technologies appropriées - Crédibilité (résultats) - Articulation interinstitutionnelle - Engagement de l'équipe technique et des promoteurs	- Système de suivi-évaluation - Manque de systématisation des expériences productives et organisationnelles - Dépendance aux intrants externes - Précarité des espaces de production - Reconnaissance insuffisante des savoirs et compétences des promoteurs et horticulteurs. - Absence de politiques pour des expériences ayant des excédents

Tableau 2 : Points forts et points faibles de PROHUERTA année 2007)

En 2007, dans ce contexte et dans le cadre du Programme National de Soutien au Développement des Territoires (PNTER), plusieurs projets correspondant aux demandes et préoccupations de PROHUERTA ont été approuvés et ont commencé à se mettre en place. Il en va ainsi du Projet Intégré pour l'innovation productive et organisationnelle pour l'Inclusion Sociale (PNTER 3), le Projet Spécifique (PS) de Production Agroécologique pour l'Inclusion Sociale, le PS de Récupération et Valorisation des espèces végétales et animales d'intérêts locaux, le PS de Compétences Professionnelles et le PS de facilitation de l'accès à la terre et à l'eau pour la sécurité et la souveraineté alimentaires.

Les aspects les plus directement liés aux objectifs de cet article concernent le projet d'Agroécologie et de Récupération et

Valorisation des espèces. Il représente, en outre, une contribution très importante à la mise en valeur de l'expérience et des résultats obtenus dans les actions de PROHUERTA, et permet d'amorcer un renforcement convenable des capacités du programme (par exemple par l'organisation de circuits de production et d'approvisionnement au niveau local). Le PS de l'agroécologie a permis de systématiser les expériences et les développements technologiques réalisés. Il a établi, sur le plan national, 29 Agro-écosystèmes de Référence (SAR) sur les sites mêmes des horticulteurs. En plus de mettre en réseau l'ensemble des parcelles expérimentales dans les différentes stations (expériences menées avec des tests effectués sur le compostage et lombricompostage), le programme a commencé à développer un réseau de production d'entomopathogènes dans les territoires.

Le PS de Récupération et Valorisation des espèces a permis pour sa part l'identification et la caractérisation des principales espèces susceptibles d'être valorisées localement. Depuis ces mesures, 14 projets de production de semences au niveau local ont été mis en œuvre dans différentes régions, valorisant des espèces telles que le quinoa, le maïs andin, l'amarante, etc.

En résumé, nous postulons que les actions de PROHUERTA sont une formidable base d'expérience sociale et productive qui peut être réévaluée et renforcée encore davantage par l'expansion de la proposition agroécologique[91]. Depuis quelques années, PROHUERTA a une stratégie visant à surmonter l'isolement historique qu'il a subi au niveau de la recherche menée par l'INTA. C'est ainsi que nous avons réalisé d'importantes articulations avec

---

[91] Soulignons que l'expérience de PROHUERTA a été reproduite et validée dans d'autres pays d'Amérique Latine et qui entame, pour la 3ème année, un projet de formation de fonctionnaires et techniciens de tout le continent. Beaucoup d'entre eux se sont inspirés de PROHUERTA (Convention INTA-JICA-MDS). Soulignons ainsi l'expérience développée par l'Argentine en Haïti. Celle-ci a commencé en 2004 avec le soutien de la Chancellerie, l'INTA et le MDS, avec une équipe de coordination de 25 professionnels, 2000 promoteurs bénévoles et 15000 jardins. L'Argentine apporte conseils techniques et conseils en organisation, et les autres pays financent l'expansion du programme. Il s'agit d'un exemple réussi de coopération orientée vers la sécurité et la souveraineté alimentaire, selon une approche agroécologique dont le coût est inférieur à d'autres initiatives de coopération, avec une bon niveau d'appropriation par la population locale.

le Programme Légumes, le Programme Fruits et le Programme Apiculture, entre autres. Mais l'Agroécologie reste pour l'instant très peu développée dans la recherche à l'INTA[92].

Potentiels et limites de l'agroécologie

Pour développer ce point, il est important de se rappeler que la comparaison que nous envisageons entre les deux paradigmes ne se situe pas seulement dans le domaine scientifique, mais également dans le débat sociopolitique et les styles de développement. Dans ces deux domaines, le paradigme de l'agroécologie est un paradigme dominé, mais en pleine croissance. La question essentielle renvoie au potentiel de ce paradigme pour concurrencer et gagner du terrain sur le paradigme dominant.

Ayant montré l'interpénétration forte du paradigme de la modernisation avec le modèle capitaliste actuel, ainsi que l'association d'un modèle agroécologique avec la recherche d'un modèle alternatif de société, nous pouvons supposer que le destin du paradigme agroécologique est lié à l'évolution du modèle de société. Cette hypothèse peut s'avérer partiellement confirmée, même si nous croyons que rien ne s'oppose au fait que le paradigme agroécologique puisse continuer à gagner du terrain dans des sociétés où domine le modèle du marché, de même qu'il ne va de pas de soi de façon réciproque qu'un éventuel changement de système social garantisse l'adoption d'une approche agroécologique des modèles de production. Dans ce contexte, nous croyons que les conditions sont réunies pour faire progresser le paradigme agroécologique. Certaines de ces conditions sont posées par les limites déjà discutées vis-à-vis du modèle d'agriculture industrielle et d'organisation de la société uniquement basé sur des critères de marché.

---

[92] En 2010, dans le cadre de la zone stratégique de ressources naturelles, le projet PRP (Proyecto Propio de la Red) sur la production agroécologique et organique a été approuvé. Il s'articule avec le PS Agroécologique, le PS de Protection des Espèces, ainsi que de nouveaux projets, dans le cadre du CIPAF (projets animés par une équipe de techniciens associés, à l'INTA, à la production biologique). L'introduction de l'agroécologie dans les projets de recherche de l'INTA est un point important dans l'évolution analysée ici. Mais elle montre aussi sa faiblesse relative, avec un seul projet sur quatre-vingt.

L'autre partie est en construction, à partir des efforts déployés pour occuper plus d'espace dans le domaine scientifique, dans les institutions liées au développement rural et dans la lutte des organisations paysannes et de l'agriculture familiale en faveur de cette approche. Il est bien connu que l'agroécologie gagne du terrain dans le discours des programmes de développement, dans les mouvements sociaux et les organisations de l'agriculture familiale, à la fois en Argentine et dans le Mercosur. Nous avons par ailleurs pu observer en France que l'agroécologie est une priorité dans la politique du Plan d'Orientation 2010-2020 de l'INRA (2010). Cependant, il est intéressant d'observer que l'agroécologie à l'INRA n'aborde pas l'ensemble des éléments idéologiques présents en l'Amérique Latine. Elle se concentre sur les aspects agronomiques et les bases scientifiques nécessaires pour améliorer l'« écologisation » de l'agriculture. Plus tard, nous envisagerons comment cette approche pourrait être plus facilement acceptée dans le milieu scientifique de l'INTA.

Revenant à la situation argentine, nous pensons que les chances de progrès dans différentes zones de production agroécologique dépendront du type de production et des bassins géographiques de commercialisation de ces productions.

La situation de la production des céréales et des viandes

En ce qui concerne la problématique du modèle dominant de production (céréales et viandes pour l'exportation), il semble que l'agroécologie, telle que définie en Amérique Latine, pourrait difficilement devenir une alternative mise en œuvre à court terme. En effet :

- Tout le système agro-alimentaire est organisé sur le modèle de l'agriculture industrielle, et soutenu par des acteurs puissants.
- Le système technoscientifique agricole a été très peu perméable aux développements technologiques basés sur le paradigme agroécologique, de sorte qu'il s'avère difficile, avec les capacités disponibles, de promouvoir rapidement l'agroécologie à grande échelle et de manière durable.
- Le dépeuplement des zones d'agriculture et le mouvement des acteurs engagés sur leurs territoires entraînent un vide

important au niveau social, et une perte des compétences nécessaires à la mise en œuvre immédiate d'une proposition agroécologique de grande envergure.

Un plan politique provisoire visant à atténuer les effets négatifs du modèle actuel pourrait proposer l'implantation de mécanismes de régulation de l'activité (lois d'utilisation des terres, droit de location, etc.), ainsi que la mise en œuvre d'une politique fiscale de récompenses et pénalités, de façon à orienter les agents économiques vers des pratiques moins néfastes (abandon de la monoculture, rotations appropriées, "bonnes pratiques" de lutte antiparasitaire intégrée, application effective de la loi des forêts, etc.)[93]. Évidemment, on pourrait aussi inclure des incitations qui encouragent l'intégration progressive des pratiques agroécologiques (allègements fiscaux, subventions pour la création d'emplois dans ce type d'initiatives, etc.). Nous croyons que, pour ce secteur, le chemin à parcourir s'apparente à celui de « l'écologisation » de l'agriculture telle qu'elle se pratique en Europe, et particulièrement à l'INRA en France, dans une perspective scientifique. De toute évidence, pour pouvoir progresser dans cette direction, il faudrait ainsi consolider les convictions, les compétences et le pouvoir de l'Etat à mettre en œuvre ces politiques. Mais avant de tenter de mettre en œuvre des politiques alternatives, nous devons travailler dans le domaine de la lutte symbolique pour que la communauté scientifique, les acteurs sociaux et la société en général puissent entrevoir que d'autres modèles sont possibles et nécessaires ; selon les termes de Bourdieu (1995), « *pour changer le monde, nous devons changer les façons de voir le monde* ».

La production pour l'approvisionnement local

En ce qui concerne la production pour l'approvisionnement local, il semble que l'agroécologie est davantage susceptible de s'introduire à court et moyen terme, et c'est là que l'histoire de

---

93 Une objection faite à ce type de proposition : les besoins du modèle économique argentin ne peut se permettre une chute de la production qui entraînerait une quelconque restriction à la production. Cependant, nous croyons qu'une meilleure régulation des pratiques agricoles n'implique pas une baisse significative de la production. Ex. Une moindre production de soja serait compensée par une augmentation de la production d'autres cultures en rotation.

PROHUERTA prend toute sa signification. Un environnement propice à l'action, ainsi que les efforts de tous les acteurs qui partagent cette approche, doivent se concentrer sur le développement des zones de production agroécologique. Cela favoriserait l'approvisionnement de proximité, de même que l'installation ou l'amélioration des programmes d'agriculture urbaine, périurbaine et rurale dans les différents villages et villes du pays. Ceci entrerait alors en phase avec la demande sociale croissante de réduction des produits agrochimiques à proximité des centres de population. À cet égard, on a observé des mesures d'interdiction et/ou réglementation municipales sur l'utilisation des pesticides (San Genaro, Cañuelas, Saladillo, Mar del Plata, etc.). La province de Santa Fé est également en train de légiférer sur le sujet.

Dans les lignes directrices actuelles de PROHUERTA, sans abandonner l'objectif de croissance de l'auto-approvisionnement, le but est de soutenir et de propulser, dans des villages et des villes de différentes provinces, des expériences agroécologiques qui dégagent des excédents destinés à l'approvisionnement de proximité. Le CIPAF, et en particulier l'IPAF de la Pampa, mettent en avant son engagement continu à soutenir ce processus. C'est aussi un objectif déclaré de certains des projets de l'INTA dont nous avons discuté (PNTER3 et PPR agroécologie). L'objectif est de pouvoir accompagner les multiples expériences des organisations et mouvements engagés dans l'agroécologie et la souveraineté alimentaire. L'accumulation de telles expériences pourra alors déboucher sur un projet de politique publique plus large.

Il est intéressant à cet égard de signaler l'ouverture qui a eu lieu dans différents secteurs de l'état pour développer les compétences vers l'Agriculture Familiale, et de façon indirecte pour ouvrir le débat autour de l'agroécologie :

- Création de CIPAF, à l'INTA.
- Création du Secrétariat de l'Agriculture Familiale au sein du Ministère de l'Agriculture
- Création du Registre de l'Agriculture Familiale
- Création, au sein du SENASA, d'un groupe de travail pour l'Agriculture Familiale

- Création, au sein de l'INASE, d'un groupe qui garantit la protection d'espèces natives des communautés.

Cela ouvre, au sein du secteur de l'Agriculture Familiale, un champ d'action propice à encourager la production alimentaire agroécologique, en milieu rural et périurbain (comme le fait le Programme PROHUERTA). Cet espace devient une excellente opportunité pour faire avancer le différent symbolique entre les types d'agriculture. La consolidation de ces circuits locaux de commercialisation et leur extension éventuelle implique pour sa part certains défis. Une menace particulière concerne l'établissement de normes techniques qui impliquent des coûts élevés par rapport à l'échelle de production. Le défi est de savoir comment assurer l'innocuité, construire une qualité liée aux caractéristiques de la petite production, et étendre sa portée à d'autres consommateurs. Une option consiste à susciter la confiance collective au travers de réseaux qui répondraient aux marchés locaux et qui revendiqueraient la proximité. La certification participative et les circuits alternatifs sont des outils à développer et à améliorer à cet effet.

Il est également nécessaire de créer de nouveaux cadres juridiques et réglementaires autour des pratiques de production artisanale, qui fourniraient une opportunité pour l'industrialisation locale intégrée à la production primaire, et générerait une valeur ajoutée maintenant les revenus au niveau local.

Sur le plan de la production, il est nécessaire de promouvoir davantage les projets de production agroécologique, car de nombreuses initiatives se trouvent dans une situation paradoxale : dès qu'elles se font une place (sur un marché par exemple), elles se retrouvent incapables de répondre à la demande. Ainsi, chaque expérience pionnière entre dans ce cercle vicieux : elles ne dégagent pas d'excédent parce que le marché est insuffisant, et quand un marché s'ouvre la production reste insuffisante.

Une politique qui aiderait à consolider la capacité productive et organisationnelle pourrait être soutenue par l'Etat, afin d'acheter les produits des petites exploitations familiales, comme le montre bien l'expérience brésilienne (Naranjo, Haq, Hudson 2008). Cela permettrait d'assurer une demande stable et de générer des nouvelles capacités parmi l'ensemble des acteurs : l'Etat en développant de nouvelles compétences pour soutenir l'action de l'AF, créant des mécanismes de contrôle de la qualité et de développement logistique ainsi qu'une procédure légale appropriée ; la PAF, de son côté, en surmontant sa propre précarité pour devenir un fournisseur dynamique de la collectivité.

Conclusion

Dans notre travail, nous avons priorisé l'analyse d'un champ conflictuel en Argentine, celui de l'agroécologie. Ce même conflit survient à des degrés divers dans différents endroits du monde, parce que la crise du modèle de production hérité de la modernisation est une crise qui affecte toute la planète. Sans doute y a t-il une interaction entre les dynamiques prévalant dans chaque pays et les dynamiques mondiales ; de fait, les alliances et les réseaux mondiaux sont et seront très importants dans la lutte entre les paradigmes. Ceci nous conduit encore à souligner l'importance d'une confrontation entre les expériences de pays comme l'Argentine et la France autour de l'agroécologie, et le potentiel de coopération que ces confrontations peuvent recéler.

Le moment historique que nous vivons est propice à ce que nous puissions jouer notre rôle en tant qu'acteurs concernés par ce conflit des modèles de développement. En Argentine, nous avons un Etat qui restaure progressivement ses compétences. Nous avons vu comment cet Etat a créé des structures propices au développement de compétences et de programmes qui pourraient être les supports d'un modèle de développement alternatif. Nous avons également vu l'émergence d'acteurs sociaux qui soutiennent ce discours sur le développement alternatif (par exemple FONAF).

Pour conclure, nous tenons à formuler une réflexion sur le rôle que pourrait jouer l'INTA dans le développement et la mise en œuvre des paradigmes alternatifs comme l'agroécologie. Évidemment, jusqu'ici, c'est le paradigme scientifique productiviste lié à l'agriculture industrielle qui a dominé l'institution. Cependant, l'INTA a su se transformer et a connu des changements et des adaptations qui pourraient se retrouver également dans l'accompagnement des nouveaux paradigmes de développement et d'innovation. À l'INTA coexiste une diversité de visions et de types d'action. En fait, nous avons vu que cette institution a valorisé pendant 21 ans un programme comme PROHUERTA, qui est pourtant loin de s'inscrire dans le paradigme du productivisme. Dans le même sens, on pourrait parler de PROFEDER, des programmes comme le Programme national pour le développement des territoires, le Programme Ecorégions, l'Espace Santé environnemental stratégique, et en particulier les CIPAF, ainsi que de nombreux projets qui sont réalisés à partir des centres régionaux liés au développement territorial.

Le plan stratégique institutionnel 2005-2015 et l'adoption du système de fonctionnement matriciel sont des bases qui peuvent contribuer à transformer le paradigme dominant, et à faire émerger un espace de cohabitation plus équilibré. Le fait que dans le PEI les objectifs de productivité, la santé environnementale et l'équité se posent au même niveau fournit un cadre propice pour repenser le rôle de l'INTA dans le Système National d'Innovation. Le Système de Fonctionnement Matriciel offre un espace d'interaction entre différents programmes, zones stratégiques et centres régionaux pour aborder les questions essentielles. Un bon fonctionnement de ces espaces matriciels fournirait un cadre adéquat pour promouvoir la pratique de la rationalité communicationnelle (Habermas, 1981), pour améliorer la qualité de ce champ scientifique (Bourdieu 1994) que nous avons constitué au sein de l'INTA. En effet, on assiste à de nouvelles pratiques consistant à mettre en place, au sein de la Matrice Nationale de l'INTA, des équipes interdisciplinaires pour traiter et prendre position sur des questions complexes : la question de l'eau, la « sojisation », la valeur ajoutée, le changement climatique, etc. Ces espaces permettent un échange riche qui met en évidence la nécessité de surmonter le savoir compartimenté qui prévaut dans le modèle traditionnel de l'innovation. Dans le même sens, nous avons encouragé la création d'un Centre de Recherche en Sciences Sociales et une Aire stratégique orientée vers l'étude du Développement Territorial. Dans ces domaines, on envisage l'incorporation de nouvelles approches de procédés innovants (Thomas, 2008 ; Thomas et Dagnino 2005), considérés comme des processus sociotechniques qui devront être analysés. Ce chemin encouragerait la remise en cause de la portée et des limites des paradigmes dominants dans le domaine de la science, et donnerait plus de place aux paradigmes émergents, tels que ceux de la complexité et de la transdisciplinarité[94]. Si ces avancées dans le sous-système de la production des connaissances au sein de l'INTA se développent, il sera possible de produire des connaissances et des compétences procurant des atouts à l'ensemble de la société, pour une meilleure gouvernance du processus d'innovation et de développement économique. Dans une telle évolution, l'agro-écologie peut certainement tenir une place beaucoup plus importante, apporter un niveau de dialogue et d'interaction plus fructueux. Il serait également possible de produire une forme d'hybridation féconde entre les deux paradigmes.

La rationalité de l'espèce humaine devrait imposer, dans le court ou moyen terme, l'« écologisation » de l'agriculture, de l'ensemble de la production et de la consommation. Cette tendance s'observe déjà dans la croissance de la demande sociale, politique et scientifique pour construire un monde durable. Le retard dans cette évolution ne tient pas aux limites techniques, mais aux cadres institutionnels qui développent des activités économiques et productives où les intérêts partiels (économiques et idéologiques) de certains groupes sociaux, des entreprises ou des Etats empêchant la transformation des modes de production et de consommation. Il est clair que la progression du paradigme agroécologique relève d'initiatives qui restent à développer dans de multiples dimensions et échelles d'action, mais cette voie et ce paradigme vont bel et bien dans le sens de l'impératif historique qui s'impose à nous de parvenir à un développement durable à l'échelle de la planète.

Références bibliographiques

Altieri M y Nicholls C. 2000 Agroecologia, Bases Cientificas para el Desarrollo Sostenible. Ed PNUMA. México

Antoniou et al. 2011 Roundup ad Birth defects. Is the public being kept in the dark? Earth Open Source. June 2011.

Aris, A., y Leblanc, S. 2011. Maternal and fetal exposure to pesticides associated togenetically modified foods in Eastern Townshipsof Quebec, Canada. Reproductive Toxicology (in press).

Barbier, M. et Granjou C., (2005). « Quand l'expertise scientifique construit la précaution : le cas des maladies à Prions », Droit et

[94] Les compétences et connaissances apportées par le Master PLIDER et le projet ANR INTERRA constituent des stratégies d'action qui vont dans le même sens.

Société (Revue Internationale de Théorie du Droit et de Sociologie Juridique), 60 : 331-352.

Barreto M. (2008) "La crítica situación de los desplazados por la soja en la región chaqueña" Reportaje realizado por Dandan A. a Miguel Barreto, investigador del CONICET. Diario Pagina 12. 18/08/2008.

Bourdieu, P. (1995), Respuestas, por una antropología reflexiva, México, Grijalbo.

Bourdieu P. 1994 "El Campo Científico", publicado en la Revista REDES N. 2 Vol 1 Pag. 131-160. Universidad Nacional de Quilmes.

Bustos D., Cerf M., Veiga I. y Albaladejo C. (2010) "Atender una población numerosa vs profundizar en el proceso de desarrollo local: una tensión en las competencias de los técnicos. Ejemplos en la provincia de Tucumán, Argentina" Seminario Internacional del Laboratorio AGRITERRIS. Bahía Blanca.

Caporal FR & Costabeber JA (2004) Agroecologia e extensâo rural. Contribuiçoes para a promoçâo do desenvolvimiento rural sustentável. MDA/SAF/DATER-IICA. Brasilia DF. 119 pp

Cittadini, R.; Catalano, J.; Gómez, P.; Catullo, J.; Díaz, D. y Elverdín, J. 2005. Programa Nacional De Investigación Y Desarrollo Tecnológico Para La Pequeña Agricultura Familiar. Documento de Base. INTA.

Cittadini, R., Caballero, L., Moricz, M. y Mainella, F. -comp.- (2010), Economía social y agricultura familiar. Hacia la construcción de nuevos paradigmas de intervención, Ed. INTA, Bs. As.

Cittadini R. 2010 Seguridad y soberanía alimentarias, un problema complejo y multidimensional. Revista Voces en el Fenix, Nro 1 Julio del 2010 http://www.vocesenelfenix.com/numero001/cittadini.html

Colina S., Barbera M., Pais A. y Yudi J. (2010) Análisis de los Impactos de la Expansión de la Frontera Agraria en la Región del Chaco Salteño (Nor-oeste Argentino). Instituto de Desarrollo Rural. Facultad de Ciencias Naturales. Universidad Nacional de Salta – Argentina. Ponencia presentada al VIII Congreso Latinoamericano de Sociología Rural, Porto de Galinhas.

Cordone, G., y Martínez, F. 2004. El monocultivo de soja y el déficit de nitrógeno. Informaciones Agronómicas del Cono Sur 24:1-4. INPOFOS Cono Sur. Acassuso, Buenos Aires, Argentina.

Dal Pont, S. y Longo, L. (2007), Transformaciones productivas en los departamentos del centro-oeste de la provincia del Chaco: avance de la frontera agrícola e implicancias sobre la estructura agraria local, Revista Realidad Económica, no.228 (2007), p.113-133.

FONAF (2006), Documento Base del FONAF para implementar las políticas públicas del sector de la Agricultura Familiar, Mendoza.

Gras y Hernández (2010), Renta, conocimiento e identidad: El estatus de la tierra en el nuevo modelo y las disputas por sus funciones, en

Hernández (comp.), Trabajo, conflictos y dinero en un mundo globalizado, Ed. Biblos, Bs. As.

Gras, C., y Hernández, V. (2008), Modelo productivo y actores sociales en el agro argentino, Revista Mexicana de Sociología, n°2, México, pp. 227-259.

Habermas J. 1981 Teoría de la acción comunicativa. Ed Taurus. Madrid

Hernández, V. 2007. El fenómeno económico y cultural del boom de la soja y el empresariado innovador, en Revista Desarrollo Económico, vol. 47 N° 187, octubre-diciembre 2007.

Hernández, V. e Intaschi, D. (2011), Caleidoscopio socio-productivo en la pampa contemporánea: agricultura familiar y nuevas formas de organización productiva, Ed. INTA.

INRA 2010 Document d'orientation INRA 2010-2020, Une science pour l'impact.

INTA (2010), Las Ferias de la Agricultura Familiar en la Argentina, Ed. INTA, Bs. As. Disponible en : http://www.inta.gov.ar/CIPAF/info/doc/ferias_final_baja_web_.pdf

Jas, Nathalie (2007) 'Public Health and Pesticide Regulation in France Before and After Silent Spring', History and Technology, 23:4, 369 – 388 To link to this article: DOI: 10.1080/07341510701527435 URL: http://dx.doi.org/10.1080/07341510701527435

Lobos, A ; Zelaya, J y Lazarte M: "La Red Orgánica Solidaria de Tucumán (ROST)" en Cittadini, R comp..(2010)

Morin E. (2011), La voie. Pour l'avenir de l'humanite, Fayard, France.

Morin, E. (1998), Introducción al pensamiento complejo, Gedisa, Barcelona ; y también, Leff, E. -comp.- (1994), Ciencias sociales y formación ambiental, Gedisa, Barcelona.

Naranjo S, Haq N. y Hudson M. 2008 "El programa de adquisición de alimentos (PAA) como una política de soberanía alimentaria en el brasil" en IV Congreso Internacional de la Red SIAL. ALFATER 2008. Mar Del Plata- Argentina.

Neiman, G. (2010), Estudio sobre la demanda de trabajo en el agro argentino, Ed. Ciccus, Bs.As.

Ochoa P. y Borrás G. (2009): "Situación socioeconómica, hábitos alimentarios y estado Nutricional de una comunidad Tobas que habitan en zonas urbanas", ponencia presentada en las VI Jornadas Interdisciplinarias de Estudios Agrarios y Agroindustriales, FCE-UBA. Bs. As.

Paganelli, A., Gnazzo, V., Acosta H., López, S., y Carrasco, A. 2010. Glyphosate-based herbicides produce teratogenic effects on vertebrales by impairing retonic acid signaling. Chem. Res. Toxicol. 23: 1586-1595.

Preda, G. 2010 "La expansión del capital agrario en el proceso de transformación territorial. El caso del departamento Río Seco, provincia de Córdoba, Argentina". VIII Congreso de la Asociación Latinoamericana de Sociología Rural (ALASRU). Porto de Galhinas, Brasil. 15 al 19 de noviembre de 2010. CD del evento. ISBN 978-85-7819-087-3.

Rearte, D.H. 2010. Situación actual y prospectiva de la producción de carne vacuna. http://www.inta.gov.ar/balcarce/carnes/

Red de Médicos de Pueblos Fumigados, 2010 Argentina, Declaración del primer encuentro de Médicos de Pueblos Fumigados. En http://red-latina-sin-fronteras.lacoctelera.net/post/2010/08/30/argentina-declaracion-del-1-encuentro-medicos-pueblos

Sabanés, L ; Diez, O.; Ricotto A.; Villaberde, M.; Sarmiento, C.; Salomón, A.; Pereira, F. (2007) "Conformación de una Feria Franca como estrategia de comercio solidario de los beneficiarios del Pro-huerta de Río Cuarto, Córdoba, Argenina", en Resumos do II Congresso Brasileiro de Agroecologia.

Sarandón SJ (2002) La agricultura como actividad transformadora del ambiente. El Impacto de la Agricultura intensiva de la Revolución Verde. En "AGROECOLOGIA: El camino hacia una agricultura sustentable", SJ Sarandón (Editor), Ediciones Científicas Americanas, La Plata. Cap 1: 23-48.

Sevilla Guzmán, E. (2002). Agroecología y Desarrollo Rural sustentable En: XI Curso Intensivo en Agroecología: Principios y Técnicas Ecológicas Aplicadas a la Agricultura. Disponible en : http://www.iade.org.ar Revista Realidad Económica Buenos Aires (Argentina).

Steyaert P. et Jiggins J. 2007 Governance of complex environmental situations through social learning: a synthesis of SLIM' s lessons for research, policy and practice. In Environnmental Science & Policy, Vol 10, october (2007) 575-586). www.elservier.com/locate/envsci

Thomas, H. y Dagnino, R. (2005): Efectos de transducción: una nueva crítica a la transferencia acrítica de conceptos y modelos institucionales, *Ciencia, Docencia y Tecnología*, XVI,,pp. 9-46.

Thomas, H. (2008): Estructuras cerradas vs. Procesos dinámicos: trayectorias y estilos de innovación y cambio tecnológico, en Thomas, H. y Buch, A., (coords.) Fressoli, M. y Lalouf A. (colabs.): *Actos, actores y artefactos. Sociología de la Tecnología*, UNQ, Bernal, pp. 217-262.

Ullé J. 2009 Proyecto Regional Desarrollo y defución de Tecnología para la producción Ecológica. Informe Técnico. Centro Regional Buenos Aires Sur. Ed. INTA

Trigo, E., y Cap, E.J. 2003. The impact of the introduction of transgenic crops in Argentinean agriculture. AgBioForum, 6(3), 87–94.

Viglizzo, E.F y Jobbágy, E.G. (eds.) 2010. Expansión de la Frontera Agropecuaria en Argentina y su Impacto Ecológico-Ambiental. . Ed. INTA, ISBN No 978-987-1623-83-9, 106 pp.

Villagra, C.; Hamdan V.; Cittadini, R. (2008) "Economía Social y Agricultura Urbana: el caso de la Feria Verde de la ciudad de Mar del Plata. En XIV Jornadas Nacionales de Extensión Rural y XI del MERCOSUR. Asociación Argentina de Extensión Rural. Tucumán.

Villagra, C. y Prividera G. 2011. Caracterización de la agricultura familiar en el partido de Lobería (pcia. Buenos aires – dic. 2009). Ed. INTA. En prensa.

CHAPITRE VIII

Quelle agroécologie pour quelle agriculture ? Regards croisés en France et en Argentine et place de la question environnementale

Frédéric Goulet
et Jean-Marc Meynard

Cette contribution pose le débat, dans une vision comparative entre la France et l'Argentine, des modalités d'attachement de l'agroécologie à des modèles de développement et à des formes d'organisation archétypiques de la production agricole (petite agriculture familiale versus grande agriculture intensive ou industrielle). Nous souhaitons souligner le contraste qui existe entre les deux pays sur ce point, en nous attardant en particulier sur la place relative de la question environnementale dans les définitions qui sont données de l'agroécologie, et plus largement dans les débats qui accompagnent les transformations du secteur agricole. Nous proposons pour cela de nous appuyer sur l'analyse des contextes historiques et institutionnels des secteurs agricoles des deux pays, pour saisir les dynamiques hétérogènes dans lesquelles s'insère l'essor de l'agroécologie.

L'agroécologie en Argentine : une critique globale du modèle agricole dominant

Des contributions de cet ouvrage qui s'attachent à préciser ce qu'est l'agroécologie en Argentine, avec ses fondements, ses dynamiques et ses ambitions, ressortent plusieurs éléments structurants. Parmi ceux-ci se dégagent en particulier les nombreuses associations – et de façon réciproque les mises à distance - qu'opèrent leurs auteurs avec d'autres dynamiques de changement des mondes agricoles. Tout d'abord, premier point marquant : l'agroécologie est pensée comme un modèle de changement global, incluant en agriculture des dimensions aussi bien techniques que sociales, organisationnelles, ou politiques. Ainsi l'agroécologie est conçue comme un modèle holistique ou intégratif, et les contributeurs de cet ouvrage, qui se placent souvent autant en narrateurs qu'en promoteurs de l'agroécologie, associent la plupart du temps cette dernière à l'agriculture familiale, à la petite paysannerie, ancrée dans des territoires et valorisant les savoirs locaux et l'autonomie des exploitations et ménages concernés. L'association de l'agroécologie à cette catégorie d'agriculture familiale se fait ainsi par la mise à distance du modèle très fortement capitalisé qui accompagne le développement de la culture du soja dans la Pampa Argentine. Basé sur les développements technologiques, des savoirs exogènes, traduits en « paquets techniques », et l'intégration des exploitations dans des relations étroites avec les firmes d'agrofourniture et les marchés internationaux, la « sojizacion » incarne en effet d'une certaine manière « l'anti-modèle » des défenseurs de l'agro-écologie. On peut ainsi dire que l'agroécologie porte en Argentine une proposition plus large qu'une simple amélioration de l'impact écologique de l'agriculture intensive et industrialisée, et des techniques qui ont rendu possible son essor, à savoir le semis direct et les organismes génétiquement modifiés : elle constitue le vecteur d'une critique globale d'un modèle agricole industrialisé et de-territorialisé. Plus qu'un ensemble de pratiques techniques sensées favoriser les bonnes relations entre agriculture et état écologique des milieux cultivés, l'agroécologie apparaît ainsi comme un modèle de développement économique et social, un projet politique. Force est de constater que si le terme agroécologie est formé par la contraction de deux termes à connotation biologique et technique – agronomie, écologie-, le sens qui lui est donné en Argentine revêt moins une dimension technique que sociale et politique. De manière significative, les questions techniques restent relativement discrètes dans les contributions de cet ouvrage.

Pour les chercheurs et enseignants-chercheurs témoignant dans cet ouvrage de leur pratique scientifique et de la vision qu'ils en portent, l'agroécologie incarne dans le champ académique une rupture de paradigme, qui imposerait de faire de la science autrement, et surtout de produire autrement les connaissances scientifiques, de réformer les relations entre la démarche expérimentale et son environnement social. La recherche en agroécologie est non seulement interdisciplinaire, mais aussi participative, les savoirs paysans possédant une valeur reconnue par les scientifiques (Gargoloff et al, 2010) : source d'hypothèses, ou savoirs combinés dans l'action avec les connaissances scientifiques. L'agroécologie apparaît ainsi comme un mouvement social, porté non seulement par la mobilisation de paysans, mais également par celle d'acteurs académiques. Ce mouvement social revendique une rupture avec ce qui serait un modèle dominant, tant sur le plan de la pratique scientifique que de la pratique agricole. Cette double rupture supposera, pour ses promoteurs, une évolution majeure des cadres de l'action publique, tant il est vrai que les politiques publiques jouent un rôle déterminant dans l'organisation de la recherche et du développement agricole.

Notons cependant que les promoteurs du soja, de son développement et des innovations techniques sur lesquelles son extension repose, ne sont pas en reste quant à leur prétention d'être également utiles à la Cité, et ne sont pas avares de projets de société. Ainsi, pour ses promoteurs et cultivateurs, le soja est perçu comme une production qui permet aujourd'hui d'assurer la croissance économique du pays, et de créer de nombreux emplois dans les filières. Il donne des moyens aux politiques publiques (y compris sociales) grâce aux taxes appliquées sur les exportations : la sojizacion bénéficie donc a priori à l'ensemble de la nation. De même, le semis direct est considéré par ces acteurs (agriculteurs, firmes d'agrofourniture) comme une technique à l'impact environnemental largement positif, au travers notamment de la conservation des sols et de la séquestration de carbone atmosphérique. Ainsi les acteurs de la filière soja ou des organisations de promotion du semis direct n'hésitent pas à mettre en place des systèmes de certification privée et volontaire pour mettre en avant leurs atouts et les rendre visibles par les marchés et l'ensemble de la société. C'est le cas ainsi du dispositif « Agricultura Certificada » mis en place par AAPRESID (association argentine de promotion du semis direct), pour voir reconnues les exploitations pratiquant le semis direct (Fouilleux, Goulet, 2012). C'est le cas par ailleurs de l'initiative RTRS (Round

Table on Responsible Soy Association) basée à Buenos Aires et qui vise à certifier les acteurs de la filière s'engageant autour de la mise en oeuvre de bonnes pratiques sociales ou environnementales (Fouilleux, 2010). Mais si les deux parties revendiquent leur utilité pour la société et la gestion des ressources, une différence majeure les distingue, qui contribue à inscrire les promoteurs de l'agroécologie dans un engagement encore plus tranché : le refus de toute forme de marchandisation des qualités supposées de l'agroécologie. En effet, dans le rang des promoteurs argentins du modèle agroécologique, la certification est très mal perçue, à l'image de celle de l'agriculture biologique qui contribue à faire, à leurs yeux, de ce mode de production une instrumentalisation marchande, un détournement des valeurs de l'agroécologie dans une optique mercantile.

Ainsi tout semble opposer, dans l'esprit de ses promoteurs, l'agroécologie au modèle de développement des grandes cultures qui a émergé en Argentine depuis une quinzaine d'années. Les deux modèles coexistent, autour de leurs propositions respectives, avec des prétentions à répondre aux mêmes problèmes globaux, mais sans se croiser. Une telle opposition semble irréductible, d'autant que l'agroécologie est surtout développée sur les productions horticoles et concerne encore peu les grandes cultures (Cerda y Sarandon, 2011). Est-il possible, en définitive, d'articuler d'une manière ou d'une autre, les deux modèles pressentis ? Comment, en particulier, peut-on imaginer intégrer la question écologique et sociale dans les méthodes de production en grandes cultures ? Le cas de la France, où la question environnementale est posée, en grande culture comme en production horticole ou viticole, depuis plusieurs décennies, et où les positions autour de l'agroécologie sont moins polarisées, permet selon nous d'engager une réflexion en ce sens.

L'agroécologie en France : la source d'une transformation progressive du modèle dominant

La situation agricole française permet en effet d'ouvrir une réflexion sur les articulations entre les deux modèles archétypiques de l'agroécologie et de l'agriculture intensive en intrants. Cette articulation est permise en France à la fois par :

(i) les formes prises par l'agroécologie, tant dans le monde scientifique que dans celui de l'agriculture ;
(ii) la place prise dans les politiques publiques par les exigences environnementales formulées à l'agriculture, aux niveaux régional, national, et européen.

Intéressons-nous dans un premier temps à la notion d'agroécologie en France. Si elle existe bel et bien, ses acceptions, ses usages et son inscription dans des dynamiques sociales et techniques contraste avec la situation argentine et sud-américaine. Certes, dès l'origine, comme le montrent Stéphane Bellon et Guillaume Olivier dans cet ouvrage, l'agroécologie en France rejoint des fondements humanistes, tiers-mondistes, recoupant au passage les trajectoires de l'écologie politique. Comme en Argentine, donc, le sens donné à cette notion ne se résume pas à un ensemble de pratiques ou de connaissances agronomiques ou écologiques, mais rejoint bien le terrain politique, au sens du projet pour autrui. Mais, à la différence de l'Argentine, on observe en France une grande diversité – offrant parfois un véritable grand écart – des acceptions et des pratiques qui sont rangées derrière le terme « agroécologie ». Ce terme est d'ailleurs resté pendant longtemps absent des institutions de recherche agronomique et des politiques publiques. À l'INRA ou au CIRAD, ce terme est apparu récemment (fin des années 90), pour désigner en premier lieu la nécessaire convergence entre l'agronomie et l'écologie. Le caractère tardif de cette convergence peut, sans doute, être attribué au fait que l'agronomie, discipline ingéniérique, a été développée à l'INRA, au CIRAD et dans les écoles d'ingénieurs, alors que l'écologie s'est imposée à l'université et au CNRS comme une discipline académique. Au CIRAD, la notion d'agroécologie a d'abord été associée aux techniques de semis direct[95] sous couverture végétale développées en Amérique du Sud, puis à Madagascar, techniques favorables à l'accroissement de l'activité biologique du sol (Séguy et Bouzinac, 2003). A l'Inra, ce terme a d'abord été employé par quelques chercheurs écologues et agronomes travaillant conjointement (sur la prairie, par exemple),

---

[95] Soulignons au passage le paradoxe : en Argentine, le semis direct est au cœur de la logique des systèmes intensifs.

avant qu'il ne « s'institutionalise » lors de la rédaction du document d'orientation de l'établissement, en 2010. L'agro-écologie (sic) est alors définie comme « *la fertilisation croisée des disciplines écologiques, agronomiques et zootechniques, (...) source de nouveaux concepts et d'innovations* » (INRA, 2010). L'agro-écologie est ici vue comme un nouveau champ de production de connaissances, sans connotation politique, ni démarcation dans les postures de recherche. A contrario, quand, en 2009, le département Sciences pour l'Action et le Développement de l'INRA engage une réflexion stratégique sur les relations entre agroécologie et action[96], il retient, de manière plus large, la définition de Francis et al (2003). Ceci le conduit à englober dans le projet scientifique de l'agroécologie (i) l'interface entre agronomie, écologie, économie et sciences sociales, et (ii) des démarches participatives impliquant les paysans, leurs conseillers techniques, mais aussi les entreprises d'aval et les consommateurs (INRA, département SAD, 2011). L'Institut Technique de l'Agriculture Biologique (ITAB, 2012) retient la même définition, et souligne dans son programme à horizon 2020 que « *l'avènement de l'agroécologie sur le plan scientifique est un atout pour la montée en puissance des recherches et le développement du mode de production AB* ».

Cette reprise récente du terme n'est pas seulement le fait des institutions de recherche et de développement agricole, mais concerne aussi la profession agricole, dans des groupes structurés autour de techniques « alternatives » comme le semis direct sous couverture végétale ou l'agriculture biologique, ou plus largement dans des mobilisations hétéroclites comme celle qui se noue aujourd'hui autour de « l'Association pour une Agriculture Ecologiquement Intensive (AEI) », portée par Michel Griffon (Griffon, 2009). Recrutant très majoritairement dans les rangs des agriculteurs conventionnels, de leurs organisations économiques et des entreprises d'agrofourniture, cette association mobilise ainsi des acteurs des filières agricoles revendiquant un « retour » de l'agronomie, en tant que raisonnement intellectuel qui reposerait sur une compréhension affinée du fonctionnement des milieux

[96] Action individuelle, collective, publique, dans les domaines de l'agriculture, de l'environnement, de l'alimentation et des territoires.

cultivés pour rendre les pratiques agricoles plus efficaces et plus respectueuses de l'environnement. Ainsi, en comparaison avec l'Argentine, l'agroécologie se trouve aujourd'hui mobilisée et défendue non pas seulement par un corpus de militants porteurs d'un projet politique unifié et affirmé, mais par une large diversité d'acteurs, dont un grand nombre provient de modèles agricoles ou de recherche qu'il serait difficile de qualifier d'« alternatifs ». Au-delà d'une reprise sémantique et rhétorique, relevant d'une stratégie de justification environnementale de systèmes techniques relevant encore largement du modèle « productiviste[97] », ce phénomène doit être analysé selon nous au prisme de l'histoire récente de l'agriculture française, et plus largement de celles des pays d'Europe de l'Ouest.

En effet, comme nous l'avons évoqué plus haut, l'agriculture française a été marquée depuis le milieu des années 1980 par de nombreuses crises environnementales et sanitaires, qui sont venues mettre à mal le modèle dominant, bâti sur la « modernisation agricole » de la seconde moitié du XXème siècle (Lémery, 2003). Le modèle en question, basé sur une rationalisation des méthodes de production, au travers notamment de la diffusion massive d'intrants comme les engrais chimiques, les pesticides, les aliments du bétail d'origine industrielle ou les semences améliorées, a très souvent été qualifié de productiviste, dans la mesure où il visait à accroître la production et la productivité du travail. Ce modèle productiviste a conduit à la séparation géographique d'une grande culture spécialisée sur un petit nombre d'espèces (blé, colza, maïs en premier lieu) et d'un élevage intensif parfois « hors sol » (c'est-à-dire essentiellement à base d'aliments industriels). En grandes cultures, il se caractérise par des rotations courtes et un usage massif de pesticides pour maîtriser les effets non intentionnels des rotations et de la recherche de potentiels élevés (Meynard, 2010). Par ces deux traits (rotations courtes et usage massif de pesticides), il se rapproche du modèle argentin de la « sojizacion », et n'a rien à voir avec l'agroécologie, quelle que soit la définition retenue. Ce modèle a été, entre les années 1950 et les années 1980, soutenu par les pouvoirs publics, via une politique de prix intérieurs élevés

[97] Voir sur ce point les travaux sur l'agriculture raisonnée (Roué, 1999), l'agriculture de conservation (Goulet, 2010) ou l'agriculture écologiquement intensive (Goulet, 2012).

(supérieurs aux cours mondiaux), et des programmes de R&D tournés vers son perfectionnement. Cependant, à partir des années 80, ce modèle intensif fut profondément déstabilisé comme nous l'avons évoqué par des crises environnementales et sanitaires. Il est apparu que la rationalisation de la production, et en particulier l'usage des intrants à fortes doses, entraînait des effets secondaires, des externalités négatives. L'épandage excessif d'engrais azotés ou de déjections animales issues des élevages industriels, l'utilisation intensive de pesticides pour protéger les cultures, ou l'alimentation des ruminants à partir de farines animales, révélaient leurs effets négatifs pour les écosystèmes et la santé humaine. Le progrès créé par l'homme moderne montrait clairement ses limites, et l'agriculture trouvait sa place à part entière dans la société du risque (Beck, 2001). Pour faire face à ces désordres, la puissance publique (française et européenne) a très fortement contraint et accompagné le monde agricole dans le sens d'un respect accru des milieux, des animaux et des hommes. Les mises aux normes (bâtiments d'élevage, installations de vidange des pulvérisateurs), les interdictions d'usage (farines animales, pesticides les plus nocifs), l'application de directives européennes (sur la qualité des milieux aquatiques, par exemple) ou les mesures agri-environnementales (accompagnées d'une rémunération contractuelle, sur les bassins de captage d'eau potable, ou les îlots de biodiversité remarquable) ont permis d'amorcer une évolution positive des pratiques agricoles. Cette évolution a pu s'appuyer sur les travaux conduits par les institutions de recherche et de développement, qui avaient conduit des travaux sur les pratiques respectueuses de l'environnement, avant même de se réclamer de l'agroécologie. Certes, les relations entre agriculteurs et puissance publique ont été (et sont encore régulièrement) conflictuelles, mais aujourd'hui les choses ont bel et bien évolué, dans le sens d'une « écologisation » de l'agriculture, et mieux encore : des esprits. En effet, même si la fronde contre les mesures imposées et l'accusation récurrente de « pollueurs » adressée aux agriculteurs reviennent de manière chronique, il est incontestable qu'au cœur des franges les plus conventionnelles de la profession agricole, et des organisations professionnelles, la conscience environnementale s'est installée. Une compétence gestionnaire de la nature et de l'environnement est même aujourd'hui très souvent revendiquée par les agriculteurs, alors même qu'il y a quinze ans le sujet était systématiquement évacué (Rémy, 1998 ; Miéville-Ott, 2000) ou au mieux, porté par quelques minorités des mondes politiques et agricoles, alliés au sein de coalitions hétéroclites, qui parlaient alors d'agriculture biologique ou… d'agroécologie.

La question du respect des ressources naturelles s'est donc d'une certaine manière autonomisée, tant au niveau politique qu'académique, vis-à-vis d'autres causes qui pouvaient être partie prenantes du modèle agroécologique tel qu'il était évoqué en France à son émergence, ou tel qu'il est évoqué aujourd'hui en Argentine. De telle sorte qu'aujourd'hui, malgré des luttes et des tensions qui persistent encore au sein du monde professionnel agricole (mais aussi du monde académique), et en dépit d'un chemin encore long à parcourir, la France a bel et bien amorcé au travers d'actions publiques une « écologisation » des systèmes techniques agricoles, sans que celle-ci soit liée à une remise en cause de la structure agraire des territoires, ni à un remodelage plus large et plus radical de la société. Les discours et des prises de position politiques plus radicales et plus holistiques, qui existent également en France, jouent dans ce cadre un rôle d'aiguillon, et les expériences d'agroécologie les plus engagées montrent qu'il est possible d'aller plus loin à ceux qui voudraient se contenter d'un « green washing ».

En 2007, le gouvernement français a lancé avec le Grenelle de l'Environnement un processus de négociation sur la gouvernance de la question environnementale, avec l'ensemble des parties concernées. Pour l'agriculture, ce processus a abouti en particulier à retenir comme objectifs nationaux une réduction de 50% de l'usage des pesticides entre 2008 et 2018, et une augmentation des surfaces en agriculture biologique de 3 à 20% pendant la même période. Il semble clair dès aujourd'hui, en 2012, que ces objectifs très ambitieux ne seront pas atteints, mais le fait de les avoir fixés, et inscrits dans la loi, a contribué à accroître les ambitions des politiques publiques et a obligé les acteurs les plus réticents à se repositionner. Les pouvoirs publics ont interrogé les chercheurs pour identifier les freins à une évolution massive des systèmes techniques vers des pratiques respectueuses de l'environnement. Les études ont porté sur la diffusion des pratiques alternatives à l'usage des pesticides (Butault et al, 2010), et sur la diversification des assolements et l'allongement des rotations (en cours). Il est apparu que les freins à l'évolution des pratiques agricoles combinaient de manière très étroite les dimensions socio-économique et technique, et qu'ils concernaient l'ensemble des acteurs des filières et de la R&D agricoles. Il s'agit maintenant de faire évoluer les politiques publiques pour qu'une telle évolution des pratiques agricoles rencontre l'intérêt de l'ensemble de ces acteurs : les sélectionneurs pour qu'ils développent des programmes sur les variétés résistantes aux maladies et sur les espèces de diversification ; les entreprises de transformation pour qu'elles développent des contrats favorables à la réduction des intrants ; les organismes de développement pour qu'ils construisent des références locales sur les systèmes alternatifs... (Meynard, 2010). La montée en puissance de la conscience environnementale et la mobilisation de la communauté scientifique sur l'interface agronomie-écologie ont donc permis d'amorcer l'évolution des pratiques agricoles, mais sa poursuite supposera une action de plus grande ampleur de la part de la puissance publique, permettant de mobiliser de manière coordonnée l'ensemble des acteurs de l'agriculture et des filières, pour organiser la transition du régime sociotechnique dans son ensemble (Geels, 2004 ; Farès et al 2012).

Quelles perspectives ?

En Argentine comme en France, le développement de l'agroécologie est à l'œuvre, mais de manière très différente. En Argentine, la dimension sociale est fortement mise en avant, mais les systèmes de grandes cultures, dominants dans une partie importante du pays, ne semblent pas encore touchés. En France, l'ensemble des acteurs de l'agriculture se sentent concernés par la protection de l'environnement et la sécurité sanitaire, mais les évolutions des systèmes agricoles restent parfois timides : elles doivent prendre de l'ampleur, et mieux intégrer la dimension sociale. La comparaison des dynamiques à l'œuvre dans les deux pays que nous avons esquissée, montre bien l'intérêt d'expliciter les interdépendances entre les choix de la puissance publique, les stratégies de recherche et les évolutions de l'agriculture. Le développement de telles comparaisons (élargies à d'autres pays chaque fois que nécessaire) constitue, de notre point de vue, une perspective majeure pour les années à venir, et devrait favoriser dans chacun des pays une réflexivité sur les modalités de l'action publique et les priorités de la recherche.

En premier lieu, la comparaison des systèmes industriels dominants en grandes cultures, dont les composantes sont en définitive assez proches d'un pays à l'autre, permettrait d'éclairer le rôle de la mondialisation dans la spécialisation des territoires agricoles, et ses conséquences écologiques et sociales. Dans les deux pays, les politiques publiques, en synergie avec les mécanismes du marché, ont favorisé la spécialisation et l'intensification par les pesticides, combinés avec des semences améliorées ou issues de la modification génétique. La ségrégation des recherches par discipline a conduit à investir sur les systèmes spécialisés (culture ou élevage) plus que sur les systèmes mixtes, ce qui a certainement nuit à la compétitivité de ces derniers. L'organisation des filières, qui a favorisé cette spécialisation et cette intensification par les intrants, s'est mise en cohérence complète avec elle : il paraît indispensable d'analyser la nature des verrouillages technologiques (David, 1985) qui se sont développés autour du régime sociotechnique dominant, pour identifier sur quels leviers les pouvoirs publics pourraient agir, en vue de gouverner son évolution dans le sens de l'intérêt général.

Dans les deux pays, les pratiques des agriculteurs qui se démarquent du système dominant constituent une réserve d'innovations encore trop méconnue. Pourquoi innovent-ils ? Quels critères d'évaluation se donnent-ils pour juger si leur innovation est conforme à leurs attentes ? Ces systèmes déviants sont-ils potentiellement plus durables que le système dominant ? À quelles conditions pourraient-ils être adoptés par d'autres exploitations que celles qui les ont développés ? Il s'agit pour les chercheurs de dépasser une vision normative de l'agroécologie ou de la manière d'en faire, pour s'ouvrir à la diversité des propositions des acteurs, que ceux-ci se reconnaissent ou non dans l'agroécologie. Les chercheurs peuvent, sur cette base, enrichir les propositions les plus prometteuses en mobilisant les savoirs scientifiques, et, in fine, en tirer des références transférables à d'autres agriculteurs.

L'agroécologie (ou ses variantes portant parfois d'autres dénominations) s'est développée dans les deux pays, tant comme domaine scientifique, que comme pratique et mouvement social (Wezel et al 2009), d'une manière très différente. L'ébauche d'analyse que nous avons dressée ici mériterait d'être approfondie, en s'appuyant sur un cadre d'analyse alliant des perspectives sociotechniques et socio-historiques. En effet, en Argentine, le législateur accorde aujourd'hui une importance croissante aux questions d'impact de l'agriculture intensive sur les milieux et la santé, avec l'exemple clé du glyphosate. Mais le rôle et l'influence de l'Etat encore contrastés entre France et Argentine permet d'expliquer au moins en partie les différences avec lesquelles sont traités les problèmes liés à l'avenir de l'agriculture dans les deux pays. La richesse du concept d'agroécologie réside bien dans le fait qu'il opère à la fois dans les registres technique, social et politique. Mais pour valoriser cette richesse, il serait souhaitable que les chercheurs qui, en France principalement, privilégient la dimension technique de l'agroécologie en appréhendent mieux les dimensions sociale et politique, et, réciproquement, que les chercheurs engagés dans une agroécologie politique, surtout représentés en Argentine, investissent plus fortement dans les approches techniques de l'innovation, faisant ainsi le lien avec les chercheurs plus spécialisés, écophysiologistes, pathologistes ou biologistes des sols. Tel est du moins l'un des enjeux que soulève cette appréhension croisée des situations française et argentine en termes d'organisation et de mots d'ordre pour une recherche agronomique à même d'accompagner et d'étudier les développements de l'agroécologie.

Références bibliographiques

Beck U. 2001. La société du risque : sur la voie d'une autre modernité. Paris: Aubier

Butault J.P., Dedryver C.A., Gary C., Guichard L., Jacquet F., Meynard J-M., Nicot P., Pitrat M., Reau R., Sauphanor B., Savini I., Volay T., 2010. Ecophyto R&D, Quelles voies pour réduire l'usage des pesticides. Synthèse du rapport d'étude. INRA éditeur (France) 90 pages.

Cerda E., Sarandon S.J. 2011. Aplicación del enfoque de la Agroecología para el manejo sustentable de sistemas extensivos de clima templado. El caso de "La Aurora" en el sudeste de la provincia de Buenos Aires, Benito Juárez. Argentina. VII Congresso Brasileiro de Agroecologia –

Fortaleza/CE . Cadernos de Agroecologia – ISSN 2236-7934 – Vol 6, No. 2,

David, P.A., 1985. Clio and the Economics of QWERTY, *American Economic Review*, 75, 2, 332-337.

Farès M., Magrini M.B., Triboulet P. 2012. Transition agroécologique, innovation et effets de verrouillage : le rôle de la structure organisationnelle des filières

Cahiers Agricultures. Volume 21, Numéro 1, 34-45

Fouilleux E., 2010. Standards volontaires. Entre internationalisation et privatisation des politiques agricoles. In : Hervieu B., Mayer N., Muller P., Purseigle F., Rémy J. (Eds), *Les mondes agricoles en politiques*, Paris, Presses de Sciences Po : 371-396.

Fouilleux E., Goulet F., 2012 (à paraître). Firmes et développement durable : le nouvel esprit du productivisme. *Études Rurales*.

Francis, C., Lieblein G., Gliessman S., Breland T.A., Creamer N., Harwood R., Salomonsson L., Helenius J., Rickerl D., Salvador R., Wiedenhoeft M., Simmons S., Allen P., Altieri M., Flora C.,Poincelot R. 2003. Agroecology: The Ecology of Food Systems. *Journal of Sustainable Agriculture* 22.(3) 99-118

Gargoloff N., Abbona E. A., Sarandon S.J. 2010. Análisis de la racionalidad ecológica en agricultores hortícolas de La Plata, Argentina. Revista Brasileira de Agroecologia *5(2): 288-302*

Geels F.W., 2004. From sectoral systems of innovation to socio-technical systems. Insights about dynamics and change from sociology and institutional theory. *Research Policy*, 33, 897–920.

Goulet F., 2010. Nature et ré-enchantement du monde. In : Hervieu B., Mayer N., Muller P., Purseigle F., Rémy J. (Eds), *Les mondes agricoles en politiques*, Paris, Presses de Sciences Po : 51-72.

Goulet F., 2012 (à paraître). La notion d'intensification écologique et de son succès auprès d'un certain monde agricole français. Une radiographie critique., *Courrier de l'Environnement de l'INRA*, 62.

Griffon, M. 2009 Pour des agricultures écologiquement intensives, In : Les défis de l'Agriculture mondiale au XXIème siècle, Ecole Supérieure d'Agriculture d'Angers, Ed, 169-192

INRA, 2010 Document d'orientation : Une science pour l'impact http://www.inra.fr/l_institut/missions_et_strategie/la_strategie/document_d_orientation_2010_2020

INRA, Département SAD, 2011. Schéma Stratégique du Département INRA « Sciences pour l'Action et le Développement » 2010-2015 http://www.inra.fr/sciences_action_developpement/le_departement_sad/missions__2

ITAB (Institut Technique de l'Agriculture Biologique) 2012. Fédérer les expertises, développer les techniques. Dossier de qualification Institut Technique Agricole. 160 pages + annexes

Lémery B., 2003. Les agriculteurs dans la fabrique d'une nouvelle agriculture. *Sociologie du travail*, 45, 1, pp. 9-25.

Meynard, J.M. 2010. Réinventer les systèmes agricoles: quelle agronomie pour un développement durable? In: D. Bourg and A. Papaux (Eds.). *Vers une société sobre et désirable*. Presses Universitaires de France et Fondation Nicolas Hulot, pp. 342–363.

Miéville-Ott V. 2000. Les éleveurs du Jura face à l'écologisation de leur métier. *Courrier de l'Environnement de l'INRA*, 40: 75-84

Rémy J. 1998. Quelle(s) culture(s) de l'environnement ? *Ruralia*, 02: 85-103

Roué M. 1999. Dans les coulisses de l'agriculture raisonnée. *Natures, Sciences, Sociétés*, 7 (3): 53-54.

Séguy L., Bouzinac S., 2003. Direct seeding on plant cover : sustainable cultivation of our planet's soils. In : Garcia-Torres L., Benites J., Martinez-Vilela A., Holgado-Cabrera A. (Eds), *Conservation agriculture : Environment, farmers experiences, innovations, socio-economy, policy*, Dordrecht, Kluwer Academic Publishers, 93-99.

Wezel A., Bellon S., Doré T., Francis C., Vallod D., David C. 2009 Agroecology as a science, a movement and a practice. A review. *Agron. Sustain. Dev.* Téléchargeable sur : www.agronomy-journal.org

CONCLUSION

L'agroécologie au cœur des interrogations sur la coexistence entre modèles de développement agricole

Frédéric Goulet, Danièle Magda, Nathalie Girard, Valeria Hernandez

Les contributions de cet ouvrage invitent le lecteur à aborder les dimensions multiples de la notion d'agroécologie, et ses déclinaisons au regard des agricultures argentines et françaises. L'histoire de la notion dans les institutions de recherche et de développement de ces deux pays, les formes sociales de production agricole visées ou critiquées par les propositions agroécologiques, la transformation – nécessaire ou souhaitée- des cadres théoriques et des formes de production des connaissances, le renouvellement des relations entre producteurs, développement et recherche et celui des compétences, sont autant de points qui sont abordés. Ils permettent de rendre compte à la fois de ce qui donne corps à l'agroécologie dans les propos de ses partisans et acteurs de projets agroécologiques, et de la façon dont les observateurs et analystes des mondes agricoles et de l'agroécologie qualifient les déplacements qui se jouent autour de cette notion. C'était en effet l'un des objectifs de cet ouvrage : mêler, associer, confronter les regards des opérateurs de développement de projets agro-écologiques avec ceux des scientifiques et des chercheurs en croisant les deux contextes nationaux.

À partir des analyses, des propositions et des questionnements abordés dans cet ouvrage, nous proposons d'ouvrir quatre pistes de réflexion pour prolonger certains débats ou en ouvrir de nouveaux.

L'agroécologie, un projet plus politique que technique ?

Les différents textes composant cet ouvrage et qui abordent l'histoire de l'agroécologie montrent très clairement comment la dimension politique a contribué à l'émergence de l'agroécologie. Cette dimension est particulièrement saillante en Argentine au cœur même de la définition de l'agroécologie. Avec la notion d'agroécologie, c'est un projet de société, un projet politique qui est très souvent formulé, esquissé. Dans le contexte argentin, l'agroécologie est très souvent associée à une forme de système agraire et agroalimentaire, à une forme sociale de l'activité agricole qui est privilégiée : la petite agriculture, familiale, ancrée dans les territoires, par opposition à la « grande » agriculture, reposant sur la concentration des ressources foncières, la motorisation, l'informatisation et la connexion aux marchés internationaux.

L'agroécologie comme projet idéologique est aussi présente dans le contexte français. Le chapitre de G. Olivier et S.Bellon indique que deux des acteurs fondateurs du projet intellectuel de l'agroécologie en France ont été candidats lors d'élections présidentielles. Cependant comme le montrent les chapitres de B. Hubert et de C. Albaladejo, le contexte français inscrit davantage l'agroécologie dans un débat scientifico-technique questionnant les façons de produire et les référentiels agronomiques. Ce débat émergeant des questions sociétales sur l'environnement, la qualité des produits et de la gestion des ressources naturelles interrogent plus globalement les différents modèles d'agricultures même si certains comme ceux issus de l'agriculture biologique y trouvent une place privilégiée.

Ces différences d'origine de l'agroécologie sont également associées à des rapports différents aux cadres théoriques et aux domaines de connaissances participant de la définition, de la formalisation et de la mise en action de l'agroécologie. Les contributions argentines, en donnant à voir, avec insistance parfois, ces dimensions sociales et sociétales de l'agroécologie, développent moins les questionnements sur les versants techniques de l'agroécologie et sur la production de connaissances dans les domaines agronomiques et écologiques, pourtant fondateurs du terme « agroécologie ». En effet, le chapitre de Goulet et Meynard souligne que les développements techniques sont très peu traités dans les contributions, que ce soit sur des thèmes évoqués comme la fertilité, la gestion des adventices ou des parasites, les alternatives aux pesticides, le travail du sol, la santé animale. Ces dernières dimensions sont-elles écartées car elles ne posent effectivement pas problème sur le terrain ?

Les contributions des auteurs argentins, notamment celles de J. Casadinho et S. Sarandon, mentionnent toutefois un certain nombre de principes définissant un cadre général et partagé pour l'agroécologie, basé sur des enjeux de conservation de ressources naturelles, de valorisation de la biodiversité, de recyclage des nutriments. Ces principes sont issus de références scientifiques assez largement connues, notamment des travaux de M. Altieri et V.M. Toledo. Néanmoins, la définition technique des pratiques mettant en œuvre ces pratiques sont peu explicitées et semblent déléguées localement aux conseillers techniques ou aux producteurs eux-mêmes. La mise en pratique de l'agroécologie est alors fortement associée aux savoir-faire des acteurs, issus de leurs expériences, de leur connaissance des milieux qu'ils exploitent. Les connaissances empiriques des producteurs, notamment ceux de systèmes dits indigènes, font ainsi référence en termes de systèmes de production agroécologique dont il faut s'inspirer pour en faire émerger des principes d'action. Mais les connaissances locales ne sont pas forcément durables et ne constituent pas nécessairement une « alternative verte » aux connaissances scientifiques (Murdoch et Clark, 1994). En posant parfois les connaissances empiriques des acteurs comme seule et unique source de production de référence technique pour l'agroécologie, peu de questionnements scientifiques sont finalement posés sur les connaissances à produire notamment dans le domaine agronomique et en lien avec l'écologie. Il apparaît plus ou moins explicitement une tension entre la nécessité de concevoir un nouveau cadre conceptuel scientifique commun, et celle de développer une agroécologie « située » mobilisant les spécificités locales du milieu et des acteurs. Il faut alors éviter l'écueil d'une mythification de ces « savoirs locaux » et expliciter les enjeux scientifiques qui émergent de cette tension. Dans la lignée des réflexions critiques sur la naturalisation des catégories de connaissances, argumentant qu'il faut dépasser la dichotomie entre connaissances scientifiques et locales (Agrawal, 1995) et qu'il y a souvent hybridation entre les deux (Thomas et Twyman, 2004), il s'agit de reposer les bases d'une recherche ayant pour objet cette articulation entre connaissances scientifiques génériques sur les processus écologiques et les techniques agronomiques s'appuyant sur ces processus, et les connaissances situées, produites dans l'action, localement.

La question des nouvelles connaissances scientifiques est au cœur du chapitre de B. Hubert, qui montre que l'agroécologie appelle en même temps que de nouvelles connaissances des changements de paradigmes sur la manière de concevoir le lien entre production et conservation des ressources naturelles. Il souligne l'importance des enjeux de l'agroécologie dans la transition des disciplines agronomiques en lien avec l'écologie pour accompagner de nouvelles façons de produire. On perçoit alors tous les enjeux scientifiques posé à l'agronomie pour construire de nouveaux référentiels techniques permettant d'accompagner des modes de gestion de systèmes écologiques par définition complexes et imprévisibles. Il s'agira d'imaginer des modes de gestion qui chercheront davantage à opérer par observation et ajustement pour faire face aux incertitudes chemin faisant plutôt qu'à contrôler les processus biotechniques en visant un optimum et en réduisant les incertitudes. Plutôt que de chercher à produire en s'appuyant sur l'homogénéité et la stabilisation, dans un mode de gestion inspiré du monde industriel, il s'agira de valoriser diversité et variabilité, comme l'argumentent Bell et al (2008). Cet auteur ouvre ainsi le champ des débats scientifiques émergeant autour de l'agroécologie, rendant compte non seulement du caractère non-stabilisé des connaissances pour la définition et la mise en action de l'agroécologie, mais dans le même temps de la diversité des acceptions et des formes possibles de l'agroécologie. Ce point de vue partant du débat scientifico-technique invite à considérer non plus une agroécologie enchâssée dans un cadre conceptuel et technique commun et fixé, mais des agroécologies selon la nature des liens entre processus de production et processus écologiques, avec différentes formes de rationalisation et différents critères de performance.

L'agroécologie au cœur des débats entre secteur public et secteur privé

Dans la continuité de ce débat sur la portée politique des propositions agroécologiques, se posent celui de la place du secteur public et de ses relations avec le secteur privé dans la conception et l'accompagnement d'une agriculture agroécologique. En effet, certains acteurs privés sont particulièrement présents dans les rangs des promoteurs de l'agroécologie : ce sont les Organisations Non-Gouvernementales (ONG), les associations représentant les agriculteurs et plus largement la société civile, porteurs d'un projet de société. D'autres acteurs privés sont eux absents, ou plutôt présents pour être mise en cause ; c'est le cas des entreprises agrochimiques et semencières, dont les effets sur l'environnement, la santé des producteurs et le patrimoine des agricultures familiales (pratiques, biodiversité) sont critiqués. Les promoteurs de l'agroécologie dénoncent ainsi le manque d'engagement de la puissance publique en faveur de cette option, au regard de l'importance que pourraient revêtir cet engagement et la mise en place de politiques publiques spécifiques. Sans parler d'agro-écologie sensu stricto, les dynamiques d'écologisation des pratiques agricoles en France sont – au moins dans un premier temps, comme le soulignent Goulet et Meynard– passées par des politiques publiques incitatives, de contractualisation entre les agriculteurs l'Etat, pour transformer les pratiques agricoles plus respectueuses de l'environnement ou prenant en charge la gestion des habitats naturels. Le cas de l'Argentine contraste, avec un Etat relativement plus faible sur ces questions agro-environnementales. La puissance publique s'attache davantage aux questions de pauvreté et de souveraineté alimentaire, comme au travers du programme Prohuerta décrit dans cet ouvrage par R. Cittadini. D'où l'émergence d'une agroécologie qui vient en soutien de l'agriculture familiale avant de discuter de ses vertus en terme environnemental.

Pourtant le cas français montre aujourd'hui que dans la lignée de ces politiques publiques, des acteurs privés comme les associations tout d'abord, mais également les firmes d'agrofournitures ou des cabinets privés de conseil, jouent un rôle très important, aux côtés d'acteurs institutionnels plus classiques, dans l'accompagnement des agriculteurs vers des pratiques plus respectueuses de l'environnement (réduction des traitements phytosanitaires, du travail du sol, etc.).

Il n'est certes ici question que d'environnement, et pas du changement agraire que réclame l'agroécologie dans sa déclinaison sud-américaine, mais ces dynamiques nous semblent illustrer le fait que les formes de coexistence entre les initiatives privées et publiques se déplacent, et qu'elles restent en tout cas à imaginer selon les contextes. Ce que montre le cas de la France, c'est que le changement des pratiques agricoles dans le sens d'un respect accru de l'environnement peut devenir un marché, un secteur à même de générer des emplois, demandeur en connaissances et en innovations. Si les petites agricultures paysannes en Argentine ou en France ne sont sans doute pas à même de créer une telle dynamique autour d'une offre de service, car bien souvent moins solvables, il convient tout de même de s'interroger sur d'autres formes de connexions marchandes qui pourraient être établies autour de l'agroécologie.

Il en va ainsi notamment des dispositifs de certifications des productions visant à voir reconnue leur spécificité, que ce soit en termes d'unités de production (agriculture familiale, en l'occurrence) ou de pratiques techniques (agriculture biologique, ou à faible niveau d'intrants). Ce genre d'initiatives se heurterait cependant à la position défendue aujourd'hui par les promoteurs de l'agroécologie dans sa version la plus engagée, qui s'opposent par exemple à la distinction marchande de l'agriculture biologique, considérant cette dernière comme opportuniste. S'engager dans une forme de certification imposerait en tout cas un ajustement intellectuel important, puisque si l'accent est en permanence porté du côté de l'agroécologie sur la singularisation et la localisation des expériences, la mise en place d'une instance distinctive impliquerait leur formalisation et leur normalisation, un alignement des pratiques et des produits derrière un cahier des charges. Les formats d'articulation entre acteurs publics et privés autour de l'agroécologie amènent donc à de profondes réflexions, à des choix négociés ou tranchés, qui selon les contextes peuvent aboutir à des dispositifs et des positions très différentes.

L'agroécologie : une construction en creux... parmi d'autres

Le troisième point de réflexion que nous souhaitons ici mettre en débat renvoie au fait que l'agroécologie est le plus souvent mise en avant par ses défenseurs, particulièrement en Argentine, comme une option émergeant contre un modèle de développement institué et hégémonique. Ainsi, les promoteurs de l'agroécologie prennent position dans cet ouvrage pour souligner que cette option, ce projet sont proposés en alternative à un modèle dit « dominant », « intensif », qui serait marqué par des pratiques techniques intensives en utilisation d'intrants et selon les pays par des formes productives fondées sur la concentration des ressources foncières, financières, symboliques etc. En France, l'agroécologie a émergé sur les attentes environnementales et de qualités sanitaires et en opposition au modèle intensif et artificialisé utilisant intrants et pesticides. On retrouve ici l'opposition mise en avant par Vanloqueren et Baret (2009) entre régime technologique et agroécologie, mais cette opposition n'a pas forcément entrainé de changements radicaux des systèmes conventionnels de production, ce que ces auteurs interprètent en termes de verrouillage technologique. Intégrant des usages modérés de produits agrochimiques ou des objectifs de gestion de conservation de biodiversité, on observe que les praticiens de ces systèmes peuvent se réclamer de l'agroécologie, ou être analysés comme tels, tout en se qualifiant d'écologiquement intensif, à haute valeur environnementale, etc.

Cette construction « contre » révèle encore une fois le caractère politique de l'agroécologie, proposée comme un programme d'opposition à un modèle d'agriculture et de développement, voire de société en place. Mais il révèle également la dimension identitaire que revêt l'engagement de certains acteurs en faveur de l'agroécologie ; en effet si l'identité se construit auprès de ses semblables, dans la similitude, elle se construit également dans la différence, en opposition à ce que l'on n'est pas, où à ce que l'on ne veut pas être (Dubar, 1991). L'agroécologie n'est d'ailleurs pas la seule à s'affirmer en modèle « alternatif » à ce que serait un modèle « dominant », et ce d'autant plus en France où fleurissent les segments professionnels échafaudés autour de programmes techniques ou politiques (Lemery, 2002 ; Goulet, 2010 ; Demeleunaere et Goulet, 2012). Si ces différents modèles alternatifs, ces espaces d'action et de mobilisation se rejoignent parfois sur certaines modalités techniques, certaines positions ou alliances, ils ont surtout en commun de réifier un même repoussoir contre lequel ils cherchent à s'instituer : le modèle « conventionnel ».

Si ce terme, comme toute catégorie réifiée, est pratique pour classer le monde qui nous entoure et s'y situer, il n'empêche qu'il est bien difficile aujourd'hui de définir ce qu'est cette convention. Notre propos vaut sans doute plus pour la France, pays qui depuis une vingtaine a considérablement vu évoluer son agriculture dans le sens d'une écologisation (Deverre, De Sainte Marie, 2008). Mais il vaut peut-être aussi pour l'Argentine et de nombreux autres pays dans lesquels l'agroécologie s'est affirmée. Qu'est-ce finalement que cette convention ? Que désigne t-elle ? La question se pose d'autant plus que nous avons montré que l'agroécologie relevait bien souvent plus d'un message à portée politique large, que d'un programme technique et d'une organisation des systèmes de recherche et développement agricoles bien précis... S'il convient d'essayer de caractériser ces alternatives, comme le fait cet ouvrage avec l'agroécologie ou les agroécologies, soulignons l'enjeu intellectuel de s'essayer à la caractérisation de ce qu'est devenu cette convention contre laquelle les acteurs s'érigent, pour ne pas en faire une boîte noire. De manière similaires aux chemins d'innovation et de transition esquissés par Geels (2044), cette pluralité des alternatives contre une convention supposée nous laisse entrevoir deux issues possibles à cet essor des alternatives : la première serait une lutte entre propositions jusqu'à la victoire d'un ou de plusieurs camps contre tous les autres, alors que la seconde reposerait sur une co-existence entre ces différents modèles, avec des proportions et des équilibres amenés à évoluer bien sûr, mais offrant une place à chacun. Mais si la coexistence entre différents paradigmes est citée par certains auteurs comme Geels (2004) comme une période transitoire avant qu'une option devienne dominante et qu'un nouveau régime se stabilise, il nous semble qu'il ne s'agit pas là que d'une période transitoire, mais bien d'un second scénario fondé sur la co-existence entre une pluralité de paradigmes, de façon de concevoir l'ordre des choses et de produire les savoirs, comme l'ont souligné B. Hubert et C. Albaladejo dans leurs contributions. Étudier les modalités et conditions de cette coexistence dans les territoires, mais aussi dans les institutions de recherche et de développement est un front de recherche.

De l'intérêt de penser la coexistence au sein même des institutions de recherche et développement

La question de la production des savoirs est en effet un élément essentiel des développements regroupés dans cet ouvrage, et de fait central dans le message des promoteurs de l'agroécologie. Le message couramment relayé est en effet le suivant : du fait de la localisation des pratiques et des raisonnements que provoquerait l'agroécologie, il conviendrait de sortir d'une organisation technoscientifique de l'agriculture, dans laquelle les savoirs standardisés et standardisants produits par la recherche agronomique sont dominants.

Ces derniers devraient laisser place à une reconnaissance des savoirs locaux des paysans, ou du moins à une nouvelle forme d'organisation de cette technoscience qui soit à même de prêter attention aux singularités, et plus seulement aux régularités. Ce constat, ou du moins cette proposition, s'ils sont structurants de la proposition agroécologique, nous ramènent directement à la question de la pluralité des mouvements et modèles alternatifs. En effet, cette revendication d'une science plus proche des producteurs, du terrain, déconfinée de son laboratoire, est formulée de façon strictement identique par de nombreux acteurs du monde agricole, et pas seulement par ceux qui sont liés de près ou de loin à l'agroécologie, du moins telle qu'elle est formulée par ses défenseurs. Un exemple des plus illustratifs est celui de l'AAPRESID, l'association argentine de promotion du semis direct, très liée aux producteurs de soja, développe et qui met en pratique la même revendication au travers de ses dispositifs de « Chacras experimentales », établis dans le cadre des programmes de Vinculacion Tecnologica de l'INTA. Les « Chacras experimentales » sont en effet des parcelles expérimentales conduites par des agents de l'INTA chez des producteurs, au plus près donc des conditions de production de ces derniers, aux frais des producteurs en question. Si bien entendu ce genre de dispositif sous-entend que le partenaire professionnel ait les ressources financières et organisationnelles pour organiser ce genre de partenariat, l'intention et l'objectif sont bien les mêmes que ceux de l'agroécologie : développer une démarche expérimentale rapprochée, de terrain, de façon à produire des références les plus utiles que possible pour l'action. Ce genre de revendication, ou d'approche quant à des formes renouvelées de production des connaissances, n'est ainsi pas seulement propre aux défenseurs de l'agroécologie dans son acception liée à l'agriculture familiale ; elle peut en effet être défendue et mise en place par les acteurs précisément pointés du doigt par les promoteurs de cette agroécologie.

Un aspect important de cette critique de la science « confinée » telle que la décrirait Callon et al. (2001), ou du régime de l'exactitude comme l'évoquerait C. Liccope (1996) et auquel fait référence B. Hubert dans cet ouvrage, est qu'elle est au moins autant opérée par des acteurs de la société civile, des non-chercheurs ou des profanes, que par des chercheurs. Ainsi, l'agroécologie semble être autant une autre façon de faire de l'agriculture qu'une autre façon de faire de l'agronomie ou de la science en général. Et c'est là l'un des points majeurs qu'il s'agit de relever pour conclure, car la question du changement de paradigme, ou de régime, est l'un des thèmes majeurs qui a traversé les différentes contributions de cet ouvrage. Le mot d'ordre semble ainsi être, du côté des acteurs académiques qui s'identifient au projet agroécologique, de penser de nouvelles façons de faire de la science, à même de répondre à cette exigence du local, tout en imaginant de nouvelles façons d'évaluer les chercheurs qui seraient engagés dans ces autres pratiques de la science. Ce débat sur les modalités de mise en relation du laboratoire avec le monde extérieur, avec les tensions épistémiques qu'il engendre, n'est pas nouveau : il a en effet été identifié depuis longtemps autour des sciences agronomiques (Hatchuel, 2000 ; Joly et al., 2003 ; Goulet, 2008), et même avant autour des sciences biomédicales (Dodier, 2000 ; Epstein, 1999 ; Rabeharisoa et Callon, 1999). Autour de l'agroécologie, les agents des institutions de recherche et développement concernées en appellent en tout cas à une diversification, au sein des institutions, des façons de faire et d'évaluer la pratique scientifique. À façons multiples de faire de l'agriculture donc, façons multiples de faire et d'évaluer la science.

Nous avons alors montré que ces façons de faire de l'agriculture et de faire de la science n'étaient pas forcément liées entre elles, avec l'exemple argentin montrant que tant les promoteurs de l'agroécologie que ceux des systèmes à base de semis direct revendiquent une science plus proche du terrain. Ce qu'il convient alors d'étudier relève plutôt des modes de coexistence entre ces différents modèles de développement et ces façons de faire science. À première vue, pour les premiers, il s'agirait d'aller étudier dans un territoire donné comment coexistent différentes façons de faire l'agriculture, et pour les seconds d'étudier les institutions chargées d'administrer ou de conduire la recherche agronomique. Mais nous pensons là encore qu'un tel partage procède d'une lecture simpliste des faits, et qu'il n'en donnerait qu'une vision partielle. En effet, les modèles de développement agricole, les façons dont nous avons coutume de les présenter pour les mettre en débat, sont très souvent le produit d'une qualification performative, qui contribuerait en tant que telle à les faire exister, opérée par les agents des institutions de recherche et de développement. Les modèles de développement n'existent d'une certaine manière en tant que tels que grâce aux discours, aux écrits, et dans les observations de terrain que parce qu'on les nomme ainsi. Dès lors, il importe autant de comprendre comment l'agroécologie et l'agriculture coexistent dans les territoires que comprendre comment elles coexistent au sein d'institutions de recherche comme l'INRA ou l'INTA ! De même, il est sans doute aussi important de cerner pourquoi et comment ce qu'on nomme « agriculture familiale » parvient à exister en tant que tel au sein de l'INTA ou d'autres institutions qu'au sein des territoires ruraux. Tels sont certains des défis intellectuels et pratiques que les dynamiques de l'agroécologie posent aux chercheurs et aux acteurs de terrain, telles sont certaines des pistes de réflexion que cet ouvrage et ses contributions proposent.

References bibliographiques

Agrawal, A. 1995. Dismantling the Divide Between Indigenous and Scientific Knowledge. *Development and Change*, 26(3):413-439.

Bell,M.M., A.Lyon, C.Gratton, and R.Jackson. 2008. Commentary: the productivity of variability: an agroecological hypothesis. *International Journal of Agricultural Sustainability* 6:233-235

Callon M., Lascoumes P., Barthe Y. 2001. Agir dans un monde incertain. Essai sur la démocratie technique. Paris: Le Seuil

Dodier N., Barbot J. 2000. Le temps des tensions épistémiques. *Revue française de sociologie*, 41 (1): 19-118. Demeulenaere E., Goulet F., 2012. Du singulier au collectif. Agriculteurs et objets de la nature dans les réseaux d'agricultures « alternatives ». *Terrains & Travaux*, 20, pp. 121-138.

Deverre C., De Sainte Marie C, 2008. L'écologisation de la politique agricole européenne. Verdissement ou refondation des systèmes agro-alimentaires ? *Revue d'Etudes en Agriculture et Environnement*, 89, 4, pp. 83-104.

Dubar C. 1991. La socialisation. Construction des identités sociales et professionnelles. Paris: Armand Colin

Geels F.W., 2004. From sectoral systems of innovation to socio-technical systems. Insights about dynamics and change from sociology and institutional theory. *Research Policy*, 33, 897–920.

Epstein S. 1995. The Construction of Lay Expertise : AIDS Activism and the Forging of Crédibility in the Reform of Clinical Trials. *Science, technology & Human Values*, 20 (4): 406-436.

Goulet, F., 2008. "Des tensions épistémiques et professionnelles en agriculture. Dynamiques autour des techniques sans labour et de leur évaluation environnementale." *Revue d'Anthropologie des Connaissances* 2(2): 291-310.

Goulet F., 2010. "Nature et ré-enchantement du monde." In *Les mondes agricoles en politique. De la fin des paysans au retour de la question agricole*. B. Hervieu, N. Mayer, P. Muller, F. Purseigle, J. Rémy, eds. Paris, Presses de Sciences Po: 51-72.

Hatchuel, A. Recherche, intervention et production de connaissances. Symposium INRA-DADP, 27-40. 2000. Montpellier

Joly P.B., Marris C., Hermitte M.A. 2003. A la recherche d'une "démocratie technique". Enseignements de la conférence citoyenne sur les OGM en France. *Nature Sciences Sociétés*, 11 (1): 3-15.

Lémery, B., 2003. Les agriculteurs dans la fabrique d'une nouvelle agriculture. *Sociologie du travail*, 45, 1, pp. 9-25.

Licoppe C. 1996. La formation de la pratique scientifique. Le discours de l'expérience en France et en Angleterre (1630-1820). Paris: La Découverte,

Murdoch,J., et J.Clark., 1994. Sustainable knowledge. *Geoforum*, 25(2):115-132.

Rabeharisoa V., Callon M. 1999. Le pouvoir des malades. L'Association française contre les myopathies et la Recherche. Paris: Presses de l'Ecole des Mines

Thomas,D.S.G., et C.Twyman. 2004. Good or bad rangeland? Hybrid knowledge, science, and local understandings of vegetation dynamics in the Kalahari. *Land Degradation & Development*,15(3):215-231.

Vanloqueren et Baret, 2009. How agricultural research systems shape a technological regime that develops genetic engeneering but locks out agroecological innovations. *Research Policy*, 38, pp. 971-983.

Environnement, Écologie et Développement aux éditions L'Harmattan

Dernières parutions

GENRE, CHANGEMENTS AGRAIRES ET ALIMENTATION
Sous la direction de Christine Verschuur
Cet ouvrage propose de donner matière à réfléchir sur les processus d'appauvrissement des paysannes et paysans. Près d'un milliard de personnes ont faim dans le monde et paradoxalement 70 % d'entre elles font partie de familles paysannes. Les ressources naturelles et techniques sont pourtant suffisantes pour assurer une alimentation correcte de l'humanité. Cet éclairage nouveau prétend contribuer à expliquer les inégalités d'accès à l'alimentation dans le développement rural.
(Coll. Cahier du genre et développement, 47.00 euros, 480 p.)
ISBN : 978-2-296-99303-7, ISBN EBOOK : 978-2-296-50608-4

ÉCOLOGIE ET ÉVOLUTION DU MONDE VIVANT (Volume 1)
Le vie est une transmission d'information
Godron Michel
Comment résoudre les problèmes écologiques mondiaux qui se posent aujourd'hui ? Quels changements de nos mentalités et quelles innovations techniques seront nécessaires ? Ce volume répond à la question «Qu'est-ce que la vie ?» Depuis qu'elle est apparue sur terre, l'évolution des êtres vivants a suivi un «modèle» écologique et cybernétique très général, qui a conduit à la biodiversité actuelle, qui dépend elle-même des climats et des sols.
(Coll. Biologie, écologie, agronomie, 54.50 euros, 612 p.) *ISBN : 978-2-296-55870-0*

ÉCOLOGIE ET ÉVOLUTION DU MONDE VIVANT (Volume 2)
L'échelle crée le phénomène
Godron Michel
Comment résoudre les problèmes écologiques mondiaux qui se posent aujourd'hui ? Quels changements de nos mentalités et quelles innovations techniques seront nécessaires ? Ce volume présente l'étude statistique de la répartition écologique des plantes et des animaux à l'échelle biogéographique des continents et des étages de végétation ainsi qu'à l'échelle des communautés végétales et animales et des paysages.
(Coll. Biologie, écologie, agronomie, 38.00 euros, 388 p.) *ISBN : 978-2-296-55871-7*

ÉCOLOGIE ET ÉVOLUTION DU MONDE VIVANT (Volume 3)
Les problèmes écologiques actuels
Godron Michel
Comment résoudre les problèmes écologiques mondiaux ? Quels changements de nos mentalités et quelles innovations techniques seront nécessaires ? Ce volume retrace l'arrivée discrète de l'Homme dans la biosphère, amorcée depuis deux millions d'années, et son emprise écologique du Paléolithique à nos jours. Il se termine par l'analyse des problèmes écologiques actuels, qui sont surtout le fruit délétère de notre société de surconsommation.
(Coll. Biologie, écologie, agronomie, 61.00 euros, 750 p.) *ISBN : 978-2-296-55872-4*

ÉCONOMIE DE L'ENVIRONNEMENT
Outils de gestion économique de la biodiversité
Ngo Nonga Fidoline - Préface de Jacques Fame Ndongo - Avant-propos de Claude Njomgang
L'érosion de la biodiversité est effrayante. La dégradation des forêts tropicales s'accélère jour après jour, entraînant la disparition de nombreux actifs naturels. D'autres écosystèmes,

fortement riches en biodiversité, subissent le même sort, ce qui met en péril les bases de la vie sur terre. Cette forte dégradation de la biodiversité appelle tous les humains à adopter des comportements conservateurs. Ce livre décrypte les principales problématiques de l'économie de l'environnement.
(Coll. Harmattan Cameroun, 31.00 euros, 306 p.) *ISBN : 978-2-296-99058-6*

POUR UNE SOCIO-ANTHROPOLOGIE DE L'ENVIRONNEMENT
Par-delà le local et le global (Tome 1)
Sous la direction de Sophie Poirot-Delpech et Laurence Raineau
Il s'agit de questionner une formule souvent associée aux questions écologiques : «penser global, agir local». Les contributions de ce volume abordent les problèmes soulevés par les conflits d'échelle de perception et de définition des questions environnementales. Elles donnent à voir des objets aussi variés que l'énergie, les déchets, les légumes «bio», la ville, l'eau ou les invasions biologiques.
(24.00 euros, 240 p.) *ISBN : 978-2-296-96758-8*

REGARDS SUR LA CRISE ÉCOLOGIQUE
Pour une socio-anthropologie de l'environnement (Tome 2)
Sous la direction de Sophie Poirot-Delpech et Laurence Raineau
Ce deuxième volume, en partant de l'étude de réponses locales et chaque fois singulières apportées aux problèmes environnementaux, propose une pluralité d'approches pour comprendre comment se nouent dans chaque cas des questions sociales, économiques, psychologiques ou technoscientifiques distribuées sur différentes échelles d'appréhension.
(Coll. Logiques sociales, série Socio-Anthropo-Logiques, 23.00 euros, 228 p.) *ISBN : 978-2-296-96759-5*

DÉVELOPPEMENT DURABLE ET SCIENCES SOCIALES
Traductions d'un concept polysémique de l'international au local
Coordonné par Marjorie Filliastre, Marion Mauger-Parat et Hélène-Yvonne Maynaud
L'étude pluridisciplinaire de la question du développement durable suscite de nouveaux questionnements à l'aune de la situation internationale et nationale. Les chercheur-e-s en sciences humaines et sociales en examinent les ressorts et étudient la manière dont les individus, seuls ou collectivement, membres d'organisations publiques ou privées, professionnels ou particuliers, se représentent ce phénomène ou encore oeuvrent pour sa mise en place.
(Coll. Dossiers Sciences Humaines et Sociales, 22.50 euros, 226 p.) *ISBN : 978-2-296-96536-2*

BOÎTE (LA) À IDÉES
Maous Thierry, Prost Richard
La «boîte à idées» : une *success-story* humaine qui ancre l'économie solidaire au rang de réalité. Agir. Tel est le mot d'ordre que s'est donné ce groupe de femmes et d'hommes, avec à leur tête François Marty, en mettant en place la SCOP Scierie et Palettes du littoral, implantée dans le Pas-de-Calais. Moteur de réinsertion sociale, cette entreprise, leader sur son marché, aide les exclus à retrouver leur dignité et le chemin de l'emploi dans une démarche de développement durable...
(20.00 euros) *ISBN : 978-2-296-13518-5*

MANUEL (LE) DU DÉVELOPPEMENT
25 ans d'expérience dans la coopération internationale
Madaule Stéphane
Comment s'insère le développement durable dans le périmètre de l'aide ? Quels sont les principaux acteurs du développement ? Quelles formes de coopération mettre en place avec les pays émergents au moment où le monde bascule vers le Sud ? Cet ouvrage est une synthèse technique et opérationnelle de près de 25 années d'expérience professionnelle dans le domaine de l'aide publique au développement. Il aborde toutes les grandes questions qui agitent la coopération internationale.
(45.00 euros, 592 p.) *ISBN : 978-2-296-97005-2*

COOPÉRATION INTERNATIONALE ET DÉVELOPPEMENT
Koch Dirk-Jan
En parcourant systématiquement les tentatives de coopération internationale et régionale concernant l'aide, le commerce, l'environnement, la migration, la sécurité et les dettes, l'auteur démontre que, dans la conjoncture actuelle, le manque de coopération est le frein le plus important face à l'essor des pays en voie de développement.
(15.00 euros, 146 p.) *ISBN : 978-2-296-96975-9*

L'HARMATTAN, ITALIA
Via Degli Artisti 15 ; 10124 Torino

L'HARMATTAN HONGRIE
Könyvesbolt ; Kossuth L. u. 14-16
1053 Budapest

ESPACE L'HARMATTAN KINSHASA
Faculté des Sciences sociales,
politiques et administratives
BP243, KIN XI
Université de Kinshasa

L'HARMATTAN CONGO
67, av. E. P. Lumumba
Bât. – Congo Pharmacie (Bib. Nat.)
BP2874 Brazzaville
harmattan.congo@yahoo.fr

L'HARMATTAN GUINÉE
Almamya Rue KA 028, en face du restaurant Le Cèdre
OKB agency BP 3470 Conakry
(00224) 60 20 85 08
harmattanguinee@yahoo.fr

L'HARMATTAN CAMEROUN
BP 11486
Face à la SNI, immeuble Don Bosco
Yaoundé
(00237) 99 76 61 66
harmattancam@yahoo.fr

L'HARMATTAN CÔTE D'IVOIRE
Résidence Karl / cité des arts
Abidjan-Cocody 03 BP 1588 Abidjan 03
(00225) 05 77 87 31
etien_nda@yahoo.fr

L'HARMATTAN MAURITANIE
Espace El Kettab du livre francophone
N° 472 avenue du Palais des Congrès
BP 316 Nouakchott
(00222) 63 25 980

L'HARMATTAN SÉNÉGAL
« Villa Rose », rue de Diourbel X G, Point E
BP 45034 Dakar FANN
(00221) 33 825 98 58 / 77 242 25 08
senharmattan@gmail.com

L'HARMATTAN TOGO
1771, Bd du 13 janvier
BP 414 Lomé
Tél : 00 228 2201792
gerry@taama.net

641468 - Février 2016
Achevé d'imprimer par

1livre.com
du rêve à la réalité !

www.ingramcontent.com/pod-product-compliance
Lightning Source LLC
LaVergne TN
LVHW010949061026
849535LV00006B/1631
9782336005218